Trickschule für Hunde

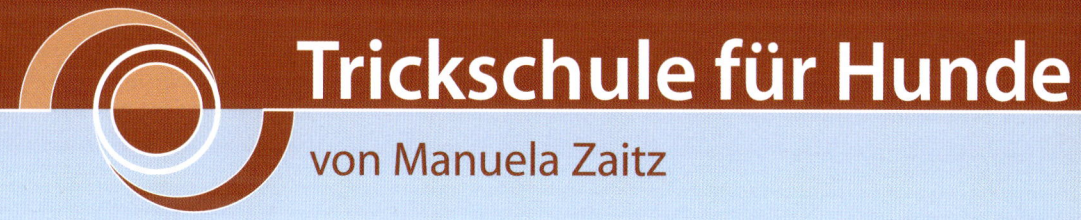

Trickschule für Hunde

von Manuela Zaitz

CADMOS

Copyright © 2007 by Cadmos Verlag, Schwarzenbek
5. Auflage 2013
Gestaltung und Satz: Ravenstein + Partner, Verden
Lektorat: Dr. Gabriele Lehari

Coverfoto: Andreas Maurer
Fotos im Innenteil: Andreas Maurer, Thomas Stens

Druck: Westermann Druck, Zwickau

Deutsche Nationalbibliothek – CIP-Einheitsaufnahme
Die Deutsche Nationalbibliothek verzeichnet diese Publikation in der Deutschen Nationalbibliografie;
detaillierte bibliografische Daten sind im Internet über http://dnb.ddb.de abrufbar.

Printed in Germany

ISBN: 978-3-8404-2014-6

Inhalt

 Inhalt

Einleitung

Dieses Buch ist für Anfänger wie für Fortge-schrittene gleichermaßen gut geeignet. Es erklärt ausführlich die leichteren Tricks, angefangen beim Pfotegeben bis zu schwereren Kunststü-cken wie zum Beispiel Gegenstände auf dem Po balancieren. Alle, die das „Trick-Fieber" bereits gepackt hat, finden hier neue Ideen und Anregungen. Für einige der Kunststücke sind Hilfsmittel erforderlich, die meisten davon fin-den sich aber in jedem Haushalt oder lassen sich mit ein wenig Einfallsreichtum umarrangieren.

Viele Tricks stammen aus dem Bereich von Behinderten-Begleithunden wie das Lichtan-schalten. Denn auch Ihr Hund kann ein Service Dog sein und Ihnen im Haushalt ein wenig zur Hand gehen.

In den letzten Jahren hat der Umgang mit dem Hund eine erfreuliche Wendung genom-men: Weg vom Hund, der funktionieren muss, hin zum Partner, Freund und Begleiter. Eine sehr wünschenswerte Entwicklung!

Grundlagen

Grundvoraussetzungen, um mit dem Erlernen von Tricks zu beginnen, sind Zeit, Lust und Geduld. Ihr Hund sollte gut mit Leckerchen zu motivieren sein. Ein jeder kennt es aus der eigenen Schulzeit: Lernen ist am besten in einer entspannten, ruhigen Umgebung möglich und ohne Stress und Leistungsdruck. Schalten Sie den Fernseher aus, bereiten Sie in Ruhe den Trick vor, den Sie üben möchten, nehmen Sie die Leckerchen und rufen dann Ihren Hund. Sind Sie aus irgendeinem Grund schlecht gelaunt, reizbar oder ungeduldig, üben Sie bitte nicht. Der Hund wird Ihre Stimmung bemerken, wird unsicher, die Atmosphäre ist gespannt und unerfreulich für den Hund.

Es wird immer auch Situationen geben, in denen Sie mit einem bestimmten Trick nicht vorankommen. Versuchen Sie es nicht verbissen und geben Sie in keinem Fall dem Hund die Schuld. Brechen Sie ab, nehmen Sie Ihren Hund, gehen Sie spazieren, machen Sie etwas

Schönes. Vergessen Sie dieses Kunststück für einige Tage und üben etwas anderes, bevor Sie es wieder versuchen.

Hilfreich ist es, während des Trainings eine Videokamera mitlaufen zu lassen. Auch wenn das Gefühl anfänglich komisch ist, hilft es oft, Fehler zu sehen und beim nächsten Mal zu vermeiden.

Bei allen Sprüngen, die hier im Buch beschrieben werden, ist darauf zu achten, dass Hund und Mensch gesund und körperlich dazu in der Lage sind. Der Untergrund muss hierbei stets weich sein, eine Wiese oder Sand ist am besten geeignet. Springt Ihr Hund generell schlecht, landet er zu steil auf Vorder- oder Hinterhand, hat er ein körperliches Gebrechen oder ist noch nicht ausgewachsen, verzichten Sie bitte auf die Tricks, die Sprünge beinhalten. Bedenken Sie, dass die Sicherheit Ihres Hundes immer vorgeht und er von sich aus nicht darauf achten wird. Es ist Ihre Aufgabe.

Die Videoaufnahme dient nur der eigenen Kontrolle. (Foto: T. Stens)

Konditionierte Verstärkung

Hunde tun Dinge, weil sie sich lohnen. Verhalten, das sich nicht lohnt, wird nicht mehr gezeigt. Verhalten, das sich lohnt, wird immer häufiger gezeigt. Lohnenswert für den Hund ist zum Beispiel Lob, Spiel oder Futter. Das alles sind unkonditionierte (primäre) Verstärkungen. Unkonditioniert deshalb, weil Sie dem Hund nicht beibringen müssen, dass diese Dinge toll sind; er weiß, dass diese Dinge sehr lohnenswert für ihn sind.

Wenn nun der Hund ein von Ihnen gewünschtes Verhalten zeigt, können Sie ihm natürlich sofort ein Leckerchen geben. Das setzt aber voraus, dass der Hund sich in Ihrer unmittelbaren Nähe befindet. Das Bestärken eines Verhaltens, das in ein paar Metern Entfernung von Ihnen ausgeführt wird, ist so unmöglich. Sicherlich können Sie Ihren Hund jetzt mit der Stimme loben. Die Erfahrung zeigt aber leider, dass Hunde in unserem Alltag so zugetextet werden, dass sie kaum noch auf unser Reden Acht geben.

Eine gute Möglichkeit bietet hier die konditionierte Verstärkung. Sie geben dem Hund nach einem bestimmten Signal (ein Klick, Zungenschnalzen oder Signalwort) sofort ein Leckerchen. Der Hund lernt, dass das Signal ein Versprechen auf einen Leckerbissen bedeutet. Dafür sind viele Wiederholungen nötig, in denen der Hund auf das Klicken, das Zungenschnalzen oder das von Ihnen gewählte Signal eine Belohnung erhält. Bitte konditionieren Sie ihn zunächst nur auf eines der Dinge, sonst wird es zu verwirrend für den Hund.

Clicker

Der Clicker ist tatsächlich das beste Hilfsmittel in der Hundeausbildung. Bekannt wurde die Methode, ein Tier durch ein Tonsignal zu bestätigen, durch das Delfintraining. Schnell zeigte sich, dass diese Art Training auch bei anderen Tieren verblüffende Fortschritte brachte.

Wichtig ist, dass der Hund die Bedeutung des „Klicks" bereits erlernt hat, dass er weiß, „Klick" bedeutet: „Das hast du gut gemacht, nun gibt es ein Leckerchen."

So kann man ganz individuell ein bestimmtes Verhalten beim Tier bestätigen und fördern. Streckt Ihr Hund sich zum Beispiel nach dem Aufstehen immer, können Sie diesen Moment des Streckens bestätigen und den Hund dafür punktgenau belohnen. Da lohnenswertes Verhalten von den meisten Hunden recht rasch wiederholt wird – bestes Beispiel ist das Betteln am Tisch –, können Sie so auf leichte Art und Weise Ihrem Hund den Diener beibringen.

Das Schönste beim Klickern ist: Es gibt keine Strafen. Falsches beziehungsweise nicht gewünschtes Verhalten wird einfach ignoriert und nur das erwünschte Verhalten bestätigt. Das animiert die Hunde zum Ausprobieren, weil sie ohne Angst arbeiten und versuchen können.

Doch keine Sorge, wenn Sie bisher noch nicht mit dem Klickern begonnen haben, auch ohne Clicker ist ein Erarbeiten der Tricks möglich. Ich wage jedoch zu behaupten, dass Sie nicht mehr darauf verzichten wollen, wenn Sie es einmal ausprobiert haben. Nicht nur, weil das Erlernen von neuen Dingen auf einmal viel leichter wird, sondern weil es der Kommunikation zwischen Hund und Halter einfach gut tut. Es ist fantastisch zu sehen, wie Clicker-Hunde Aktionen anbieten und dann Ihrem Halter einen Blick zuwerfen, der zu sagen scheint: „Soll ich das so machen? Wolltest du das sehen?"

Zungenklick

Wenn Ihr Hund häufig schöne Aktionen anbietet, die Sie auch gern auf Kommando bei ihm sehen würden, dann überlegen Sie, ob Sie nicht den Hund auf den Zungenklick konditionieren. Das ist nichts anderes als ein Zungenschnalzen. Der Vorteil gegenüber dem Clicker ist, dass Sie Ihre Zunge jederzeit dabeihaben und immer und in jeder Situation in der Lage sind, Ihren Hund für das gezeigte Verhalten zu bestätigen. Auch hier erfolgt die Konditionierung ebenso wie bei dem „normalen" Clicker. Ein weiterer Vorteil ist, dass Sie beide Hände frei haben.

Sie können sich auch für eine Kombination von beiden entscheiden: den Clicker für normale Übungseinheiten und den Zungenklick für spontane Aktionen draußen oder unterwegs anzuwenden. Einen Hund, der auf beides konditioniert wurde, verwirrt das keinesfalls.

Lobwort

Auch ein enthusiastisches „Ja" kann zu einem konditionierten Bestärker werden, der dem Hund genau den Punkt zeigt, für den er gelobt wird. Voraussetzung ist die Bemühung um einen immer gleichen Tonfall und natürlich ein immer gleiches Lobwort. Sagen Sie nicht einmal „Toll", beim nächsten Mal „Klasse" und beim dritten Mal „Super". Natürlich kann der Hund Ihre Begeisterung vielleicht aus der Stimme heraushören, aber so erschweren Sie ihm das Lernen unnötig. Entscheiden Sie sich für ein Wort, am besten ein möglichst kurzes, und bleiben Sie dabei. Konditionieren Sie den Hund auf dieses Wort und nutzen Sie nur dieses, wenn Sie ihn beim Üben für den richtigen Weg loben wollen.

Eins nach dem anderen

Wenn Sie das Buch überfliegen, werden Sie vielleicht schnell eine Vorstellung bekommen, was Sie Ihrem Hund davon nun als Erstes beibringen möchten. Suchen Sie sich bitte zuerst nur eine Sache heraus, lesen sich den Trick in Ruhe durch und schauen, welche Grundkommandos hierfür vonnöten sind. Beherrscht Ihr Hund diese noch nicht, beginnen Sie zuerst mit den Grundkommandos oder wählen Sie einen anderen Trick. Sind Hilfsmittel erforderlich wie Leckerchen, Clicker, Targetstab, legen Sie zuerst alles bereit, bevor Sie den Hund mit dazunehmen.

Die meisten Tricks sind in kleine Schritte unterteilt. Auch wenn es schwerfällt, machen Sie bitte nur einen Schritt nach dem anderen. Manche Tricks sind sehr komplex. Um nachher sicher abrufbar zu sein, muss das Grundgerüst stimmen. Ein langsames, sicheres Aufbauen der einzelnen Tricks ist also sehr wichtig.

Verlangen Sie nicht zu viel auf einmal von Ihrem Hund. (Foto: T. Stens)

Üben Sie bitte auch nicht mehrere Tricks gleichzeitig, das verwirrt meist nicht nur den Hund, sondern oft auch den Halter.

Haben Sie Geduld mit Ihrem Hund und geben Sie nicht auf. Will es aber mit einem Trick so gar nicht klappen, legen Sie eine Pause von einigen Wochen ein und üben Sie in der Zwischenzeit etwas anderes. Manchmal klappt es dann auf einmal erstaunlich gut. Und wenn nicht, dann ist es vielleicht einfach nicht Ihr Trick. Nicht jeder Hund muss alles können und jeder Hund hat seine Stärken und Schwächen. Die Kunst ist es, diese zu erkennen und so mit Ihrem Hund erfolgreich arbeiten zu können.

Grundkommandos

Mit Grundkommandos ist in diesem Fall nicht „Sitz", „Platz", „Fuß" oder Ähnliches gemeint. Das sind sicher alles sehr wichtige Kommandos, die Ihr Hund wahrscheinlich auch schon beherrscht, aber hier geht es um Kommandos, die zur Ausführung der Tricks im Buch notwendig werden. Es handelt sich um wiederkehrende Kommandos, die Sie für die verschiedensten Tricks und Alltagsdinge einsetzen können.

Nimm

Auf das Kommando „Nimm" soll der Hund einen von Ihnen gewünschten Gegenstand ins Maul nehmen. Bei vielen Hunden ist das ganz einfach: Sie haben ein Lieblingsspielzeug wie einen Ball oder ein Stofftier. Legen Sie das Spielzeug neben den Hund und ermuntern Sie ihn, mit einem „Nimm" das Spielzeug aufzunehmen. Tut er das, bestätigen Sie ihn sofort mit Klick, Leckerchen oder Lob.

Klappt das mit Spielzeug oder Ball sicher, fangen Sie mit einfachen Alltagsgegenständen an wie Taschentücher, Socken, leere Zigarettenschachteln und so weiter.

Wenn auch das ohne Probleme funktioniert, wagen Sie sich an schwerere Dinge wie Geldscheine, Schlüssel oder Ähnliches. Viele Hunde scheuen sich, metallene Dinge wie zum Beispiel Schlüssel ins Maul zu nehmen. Erleichtern Sie es Ihrem Hund, indem Sie ein Schlüsselband oder einen gut zu fassenden Anhänger am Schlüssel befestigen.

Wenn der Hund den Gegenstand nicht ins Maul nehmen möchte, müssen Sie sehr kreativ werden. Machen Sie den Gegenstand spannend, sorgen Sie dafür, dass er gut riecht. Spielen Sie mit dem Gegenstand, ohne jedoch den Hund zu beachten. Tun Sie das so ausgelassen, dass Ihr Hund auch unbedingt damit spielen möchte.

Hängen Sie nicht zu sehr an den Dingen, mit denen Sie üben. Soll Ihr Hund ein Telefon ins Maul nehmen, üben Sie bitte nicht mit Ihrem neuesten Handy, sondern nehmen Sie ein defektes oder sehr altes Telefon. Auf dem Flohmarkt finden sich wahre Schätze zum Üben.

Luke hat gelernt, die verschiedensten Dinge auf das Kommando „Nimm" ins Maul zu nehmen. (Fotos: A. Maurer)

Touch

Beim Touch soll der Hund Gegenstände mit der Pfote berühren. Es gibt verschiedene Möglichkeiten, dies dem Hund beizubringen. Eine davon ist das Verwenden des Targetstabs. Der Target-

stab ist das, was Sie vielleicht noch aus der Schule aus dem Erdkundeunterricht kennen: ein Zeigestock, der wie eine Antenne ausgezogen werden kann und so in der Länge variabel ist. Es gibt für das Clickertraining spezielle Targetstäbe, die eine abgerundete, etwas größere Spitze haben.

*Pongo interessiert sich sehr für den Targetstab.
Hier sieht man sehr schön, wie er die Pfote anhebt,
um den Stab genauer untersuchen zu können.*

*Richtig bestätigt lernt der Hund sehr schnell,
worum es Herrchen geht. (Fotos: A. Maurer)*

Genauso gut kann man auch eine Fliegenklatsche
verwenden. Zeigen Sie dem Hund den Targetstab
und lassen diesen untersuchen und beschnüffeln.
Nutzt der Hund zum Untersuchen seine Pfoten,
bestätigen Sie dies Verhalten.

Bestätigen Sie anfangs jeden Pfoteneinsatz
und gehen Sie dann dazu über, nur die Einsätze
zu bestätigen, bei denen der Hund die Spitze
des Targets trifft. Führen Sie das Kommando
„Touch" dazu ein.

Mit dem Targetstab können Sie nun den Hund zu den zu berührenden Gegenständen leiten und mit einem „Touch" dazu bringen, die Pfote genau am gewünschten Ort einzusetzen. Das Ausschleichen des Targets bei den einzelnen Übungen geht dann recht einfach.

Eine andere Möglichkeit ist es, einen Klebepunkt anstelle eines Targets zu verwenden. Das funktioniert am besten, wenn man den Klebepunkt anfangs in die Hand klebt und den Hund die Pfote drauflegen lässt. Allmählich „verschiebt" man den Klebepunkt zum Beispiel auf den Finger oder den Arm. Als nächsten Schritt kann man dazu übergehen, den Punkt auf den Boden zu kleben. Wenn der Hund das „Touch" sicher verstanden hat, kann man sich auch an schwere Aufgaben wie zum Beispiel das Lichteinschalten wagen. Hierzu kleben Sie den Punkt einfach auf den Lichtschalter. Da der Hund bereits gelernt hat, dass man den Punkt mit der Pfote drücken muss, ist es nur ein kleiner Schritt bis zum Lichteinschalten. Nach dem gleichen Prinzip kann man den Punkt auch auf Schubladen kleben, damit der Hund lernt, diese zuzumachen.

Stups

Auf das Kommando „Stups" berührt der Hund Gegenstände mit seiner Nase. Am einfachsten baut man dies auf, indem man dem Hund die Hand vor die Nase hält und ihn, sobald er sich annähert und mit seiner Nase die Hand berührt, bestätigt. Ebenfalls möglich ist das Stups mit dem Targetstab oder dem Klebepunkt wie beim Touch zu erarbeiten.

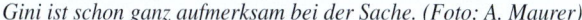

Gini ist schon ganz aufmerksam bei der Sache. (Foto: A. Maurer)

Nähert sich der Hund zwar der Hand oder dem Target, stupst aber nicht, können Sie ganz vorsichtig die zu stupsende Hand oder das Target dem Hund leicht an die Nase drücken, dann sofort loben und bestätigen, als hätte er es allein geschafft. Jedes Mal, wenn die Nase das Target oder die Hand berührt, sagen Sie „Stups". Wiederholen Sie das einige Male, bis der Hund verstanden hat, dass auf jeden Nase-Target-Kontakt ein Leckerchen folgt. Nun halten Sie wieder die Hand mit dem Target hin und warten ab. Halten Sie sie schon recht nah an die Nase des Hundes, um es ihm so einfach wie möglich zu machen. Sehen Sie eine kleine Bewegung in Richtung des Targetstabs, sagen Sie das Kommando „Stups" und belohnen ihn sofort mit einem Jackpot, wenn er das erste Mal ganz ohne Hilfe stupst.

Zieh

Dieses Kommando bringen Sie dem Hund am besten bei einem Zerrspiel bei, indem Sie den Hund mit dem Kommando „Zieh" anfeuern. Nehmen Sie ein altes Handtuch und lassen Sie es sich aus den Fingern ziehen. Will Ihr Hund anfänglich nicht so gern mitspielen, bewegen Sie das Handtuch ruckartig in schnellen, kurzen Bewegungen von ihm weg und machen dabei wilde Quietschgeräusche. Nimmt er es, zerren Sie nur Sekundenbruchteile und lassen den Hund dann gewinnen und mit seiner Beute spielen. Dieses Spiel ist selbstbelohnend, darum brauchen die Hunde kaum Leckerchen dabei. Wiederholen Sie dieses Spiel immer wieder zwischendurch. Um zu sehen, ob der Hund das Kommando schon verstanden hat und richtig

„Stups!" (Foto: A. Maurer)

Durch das „Zieh" kann der Hund auch ein Spielzeugauto hinter sich herziehen. (Foto: A. Maurer)

verknüpft, nehmen Sie das Handtuch ohne vorheriges Zerrspiel locker in die Hand und fordern Sie den Hund mit dem Kommando „Zieh" auf, an dem Handtuch zu ziehen. Zieht er es Ihnen aus der Hand, belohnen Sie ihn mit einem Jackpot.

Achten Sie aber darauf, dass das Ziehen kontrollierbar bleibt. Soll der Hund später Socken ausziehen, ist es wenig angenehm, wenn er dabei versucht, sich Ihr Bein um die Ohren zu schlagen.

Bring

Dies ist eine Erweiterung des Kommandos „Nimm". Einen beliebig ausgesuchten Gegenstand soll der Hund auf Kommando bringen.

Wenn Ihr Hund noch nicht apportieren kann, beginnen Sie in ganz kleinen Schritten. Nehmen Sie ein Spielzeug des Hundes und legen Sie es sich direkt vor die Füße. Mit dem Kommando „Nimm" ermuntern Sie den Hund, das Spielzeug zu nehmen. Tauschen Sie nun das aufgenommene Spielzeug gegen ein besonders schmackhaftes Leckerchen. Ganz wichtig: Geben Sie Ihrem Hund danach das Spielzeug wieder. Das Abgeben eines begehrten Gegenstandes ist für Hunde nicht ganz einfach. Ziel ist aber, dass der Hund gern und freudig alles bringen möchte, also muss es sich für den Hund lohnen. Ein tolles Leckerchen oder ein schönes Spiel sind geeignete Verstärkungen. Wenn der Hund mit dem Gegenstand im Maul vor Ihnen steht und Sie nun das tolle Leckerchen zum Tausch anbieten,

Der neun Monate alte Border Collie Lion hat bereits gelernt, die verschiedensten Dinge freudig zu bringen. (Foto: A. Maurer)

wird er den Gegenstand fallen lassen. Nehmen Sie das Spielzeug und geben dem Hund das Leckerchen. Klappt das gut, legen Sie das Spielzeug einige Zentimeter entfernt auf den Boden.

Erhöhen Sie die Abstände immer weiter und achten Sie darauf, nur in kleinen Schritten vorzugehen, um das Kommando sicher aufzubauen.

In die Hand geben

Der Hund gibt Ihnen einen Gegenstand in die Hand. Voraussetzung hierfür ist, dass der Hund Gegenstände bereits ins Maul nimmt und

apportiert. Tut er das noch nicht, fangen Sie bitte eine Übung vorher an und machen hier weiter, wenn der Hund das Apportieren beherrscht.

Der Hund steht mit dem Gegenstand im Maul vor Ihnen. Halten Sie eine Hand unmittelbar unter den Fang und halten dem Hund mit der anderen Hand ein Leckerchen vor die Nase. In dem Moment, in dem er das Maul öffnet, um das Leckerchen zu nehmen, sagen Sie „Gib's her" oder ein anderes Kommando Ihrer Wahl. Es sollte sich nur deutlich von dem Kommando „Aus" unterscheiden. Hat er das Leckerchen gefressen, ermuntern Sie ihn, den Gegenstand wieder aufzunehmen, und wiederholen das In-die-Hand-Geben einige Male. Gibt der Hund den Gegenstand nicht ab, versuchen Sie es mit einem für den

Hund weniger attraktiven Gegenstand, vielleicht einem gerollten Paar Socken oder Ähnlichem.

Klappt das In-die-Hand-Geben schon gut, erhöhen Sie den Schwierigkeitsgrad, indem Sie Ihre Hand nicht mehr direkt unter den Fang halten, sondern ein paar Zentimeter seitlich. Hat Ihr Hund das Kommando schon verstanden, wird er Ihnen den Gegenstand in die Hand legen. Belohnen Sie ihn dann sofort mit einem Jackpot. Fällt der Gegenstand zu Boden, weil der Hund das Kommando noch nicht richtig verknüpft hat, gehen Sie wieder einen Schritt zurück und üben über mehrere Einheiten noch mit der Hand unter dem Fang, bevor Sie es erneut versuchen. Ziel ist, dass der Hund Ihnen Gegenstände in die Hand legt, egal, auf welcher Höhe die Hand auch gehalten wird. Hierbei müssen Sie natürlich die körperlichen Gegebenheiten Ihres Hundes berücksichtigen.

Auf

Dies ist ein schönes einfaches Kommando. Auf Ihren Wunsch soll der Hund auf einen Stuhl, Tisch, die Couch und so weiter springen. Achten Sie darauf, dass die Gegenstände, auf die der Hund springen soll, sicher und seiner

Dando nähert sich mit dem Geldbeutel ...

... und legt ihn vorsichtig in die Hand von Frauchen. (Fotos: A. Maurer)

Größe angemessen sind, fest stehen und nicht verrutschen oder umkippen können. Mit einem Leckerchen locken Sie den Hund. Famos funktioniert das meist, wenn man mit dem Hund übt, auf die Couch zu springen. In dem Augenblick, indem der Hund zum Sprung ansetzt, geben Sie das gewünschte Kommando, zum Beispiel „Auf".

Bestätigen Sie den Hund, wenn er auf dem gewünschten Gegenstand angelangt ist.

Wiederholen Sie diese Übung nicht allzu oft hintereinander, da zu viel Springen den Bewegungsapparat Ihres Hundes belasten kann.

Ab

Auf Wunsch soll der Hund von Gegenständen herunterspringen. Haben Sie Ihren Hund bisher mit einem „Ab" von der Couch geschubst, wird er dieses Kommando nicht so positiv empfinden. Besser ist es, wenn Sie den Hund mit einem Leckerchen von dem jeweiligen Gegenstand herunterlocken und in dem Moment das Kommando geben, wenn er zum Sprung ansetzt.

Wenn Sie mit Ihrem Hund Auto fahren, können Sie auch das Kommando wählen, mit dem Sie ihn aus dem Wagen springen lassen.

Matjes wird mit dem Leckerchen animiert, auf die Kiste zu springen.

Für Matjes ist das Handzeichen ausreichend, um von der Kiste herunterzuspringen. (Fotos: A. Maurer)

Border-Collie-Hündin Jacky bleibt sofort stehen, wenn die Hand ausgestreckt wird. (Foto: A. Maurer)

Halt

Auf das Kommando „Halt" soll der Hund stehen bleiben. Das kann bei Tricks sinnvoll sein, wenn der Hund an einer bestimmten Stelle eines Raumes einen Trick ausführen soll, ist aber auch im Alltag ein wichtiges Kommando, das Ihr Hund unbedingt beherrschen sollte.

Nehmen Sie Ihren Hund zunächst an die Leine. Führen Sie ihn eine Weile umher und achten Sie dabei darauf, nicht an der Leine herumzuziehen oder zu zupfen. Gehen Sie in einem langsamen Spaziertempo und achten Sie darauf, dass der Hund sich mit seinem Kopf ungefähr auf Kniehöhe befindet. Halten Sie die Leine in der Hand, an deren Seite auch der Hund läuft.

Aus der langsamen Bewegung heraus drehen Sie sich nun mit dem Oberkörper in Richtung Ihres Hundes, strecken die Hand unmittelbar vor dem Hund aus, sagen „Halt" und bleiben stehen. Wiederholen Sie dies häufig, zum Beispiel bei jedem Spaziergang an Bordsteinkanten, aber auch zwischendurch zu Hause. Achten Sie darauf, beim Kommando „Halt" nicht unbewusst die Leine zu straffen, denn Ziel ist es, dass dieses Kommando ohne Leine und auf größere Distanz ausführbar ist.

Die ausgestreckte Hand stoppt den Hund und ist gleichzeitig das Sichtzeichen. Später wird es ausreichen, nur die Hand auszustrecken, um den Hund zum Halten zu bringen. Dazu steigern Sie die Anforderungen in kleinen Schritten. Üben Sie aus dem Fußlaufen

Auch auf Entfernung: Die ausgestreckte Hand bedeutet „Halt". (Foto: A. Maurer)

ohne Leine heraus. Klappt das gut, erhöhen Sie den Schwierigkeitsgrad und stellen sich zwei Schritte entfernt vor Ihren Hund. Kommt er auf Sie zu, sagen Sie „Halt" und strecken ihm die Hand entgegen. Bleibt er stehen, hat er sich einen Jackpot verdient! Loben Sie ihn ausgiebig und üben Sie beim nächsten Mal mit einer Entfernung von drei Schritten. Steigern Sie die Übung nur lang-sam und wechseln Sie die Örtlichkeiten, damit der Hund lernt, dass das Kommando überall gilt.

Bleibt der Hund aber auf das Kommando nicht stehen, gehen Sie wieder zurück zu dem Punkt, an dem es gut geklappt hat. Gehen Sie in kleineren Schritten voran. Das mag etwas länger dauern, aber es ist wichtig, Kommandos positiv und sehr gründlich aufzubauen.

Wichtiges für die Trickschule

Sichtzeichen und Lautkommandos

Vielen Tricks habe ich einen Namen gegeben und ein Kommando dafür vorgeschlagen. Selbstverständlich können Sie auch selbst kreativ werden und die Übungen anders bezeichnen. Beim Einführen eines Kommandos achten Sie darauf, dass Sie das Kommando sagen, wenn Sie sich sicher sind, dass der Hund die gewünschte Aktion auch binnen der nächsten Sekunde ausführen wird. Auch wenn das zuerst nur mit Ihrer Hilfe oder der Hilfe von Leckerchen geschieht.

Wenn Sie vorhaben, ein Sichtzeichen zu einem Trick einzuführen, üben Sie dieses ruhig von Anfang an mit. Hunde kommunizieren untereinander mittels Körpersprache und lesen immer unsere Körperhaltung. Die Einführung von Sichtzeichen kommt dem Hund also sehr entgegen.

Der nach oben ausgestreckte Zeigefinger ist das Sichtzeichen für das Kommando „Sitz" bei Benda. Ausreichend geübt klappt das auch an ungewöhnlichen Plätzen. (Foto: T. Stens)

Belohnung, Bestätigung und sinnvolle Leckerchen

In jeder Beschreibung der Tricks ist die Rede von Bestätigung und Belohnung. Die ideale Belohnung gibt es nicht, sie ist für jeden Hund sehr individuell. Es gibt Hunde, die wirklich toll für ihr Trockenfutter arbeiten und mit Begeisterung bei der Sache sind, aber das muss nicht so sein. Versuchen Sie dann den Anreiz zu erhöhen, indem Sie eine attraktivere Bestätigung wählen. Probieren Sie industriell gefertigte Leckerchen oder aber stark riechenden Käse, Geflügelwürstchen, getrockneten Fisch oder getrocknete, klein geschnittene Lunge aus. Kochen Sie Hühnerfleisch oder Hühnerherzen und finden Sie heraus, wofür Ihr Hund am besten arbeitet. Für manche Tricks ist es ratsam, etwas unattraktivere Leckerchen zu wählen, weil es sonst für den Hund den Schwierigkeitsgrad unnötig erhöht. Dies ist dann aber extra in der Beschreibung angegeben. Denken Sie unbedingt daran, die Leckerchen, die Sie verfüttern, von der Tagesfutterration abzuziehen, sonst haben Sie bald einen übergewichtigen Hund. Für manche Hunde ist auch Spiel mit dem Lieblingsball eine Belohnung. Viele werden aber ein gutes Leckerchen vorziehen und für die Erarbeitung der meisten Tricks ist es sicherlich das Mittel der Wahl.

Welche Art von Bestätigung Sie auch wählen, bedenken Sie immer, dass Ihnen für das Belohnen oder Bestätigen einer gewünschten Aktion nur ein Zeitfenster von höchstens zwei Sekunden bleibt, in dem der Hund das Lob noch mit seiner Aktion verknüpfen kann. Je näher das Lob oder die Bestätigung der gewünschten Aktion ist, umso besser.

Leckerchen oder Spiel – es gibt viele Möglichkeiten einen Hund zu bestätigen. (Foto: A. Maurer)

Ihr Hund soll auch ohne Leckerchen die Tricks ausführen? Fragen Sie sich, ob Sie für ein Schulterklopfen Ihres Chefs arbeiten würden oder ob Ihnen das Gehalt nicht doch lieber ist.

Die Motivation muss stimmen, das ist beim Hund wie beim Menschen so. Lediglich die Dinge, die uns motivieren, sind unterschiedlich. Sicherlich müssen Sie, wenn ein Trick oder ein Kommando einmal gefestigt ist, den Hund nicht jedes Mal bestätigen, jedoch sollten Sie sporadisch und für den Hund nicht berechenbar zwischendurch immer mal wieder belohnen. Das hält die Motivation und den Arbeitseifer aufrecht.

Jackpot

Ein Jackpot ist die ultimative Belohnung. Er besteht aus einem besonders guten Leckerchen, das Sie anstelle des normalen geben, wenn der Hund eine absolut tolle Leistung erbracht hat. Klassisch ist aber, dass der Hund anstelle eines Leckerchens eine große Menge an Leckerchens bekommt. Diesen Jackpot bauen Sie ein, wenn Sie sehen, dass der Hund einen großen Schritt nach vorn gemacht hat. Belohnen Sie zeitnah und mit der angemessenen Begeisterung. Der Hund soll merken, wie sehr Sie sich über seine gute Leistung freuen. Diese Jackpots halten die Motivation des Hundes sehr hoch und fördern seine Leistungswilligkeit.

Dauer des Trainings

Wenn Sie sich die einzelnen Trickbeschreibungen durchlesen, werden Sie vielleicht denken: „Prima, das machen wir jetzt mal!" Eine enthu-

Sorgen Sie immer für ausreichende Pausen und üben Sie in kleinen, überschaubaren Einheiten. (Foto: A. Maurer)

siastische Einstellung ist wunderbar und wenn Sie mit Spaß an die Dinge herangehen, werden Sie den Spaß auch an Ihren Hund weitergeben können. Bedenken Sie aber bitte, dass ein Hund nicht eine halbe Stunde am Stück lernen kann. Das Aufnahmevermögen des jeweiligen Hundes ist von verschiedenen Faktoren abhängig: Alter, Umgebung, Temperatur, Tageszeit, Stimmung, die Art des Lernens.

Versuchen Sie, nicht länger als fünf Minuten am Stück zu üben; wenn Sie einen hoch motivierten Hund haben, in Ausnahmefällen zehn Minuten. Üben Sie lieber häufiger am Tag. Einige der Übungen können Sie wunderbar in Ihren Alltag oder in Ihre Spaziergänge einbauen. Mehrere kleine Einheiten bringen einen guten Erfolg, der Hund hat mehrfach am Tag Gelegenheit, Zeit sinnvoll mit Ihnen zu verbringen, und wird so immer wieder an das Gelernte „erinnert". Erwarten Sie nicht zu viel, weder von sich noch von Ihrem Hund. Manche Tricks erfordern viel Übung und sind sicher nicht an einem Tag zu erlernen. Lassen Sie sich davon nicht entmutigen. Üben Sie in vielen Schritten und freuen Sie sich auch schon über Teilerfolge.

Signalkontrolle

Ist ein Trick oder ein Verhalten unter Signalkontrolle, zeigt der Hund also das Verhalten immer, wenn Sie das Kommando geben, dann ignorieren Sie dieses Verhalten, wenn der Hund es ohne Kommando zeigt. Belohnen Sie es nicht, auch wenn es noch so gut ausgeführt ist.

Manche Hunde neigen sonst dazu, ständig und immer ihr Repertoire abzuspielen in der Hoffnung, dafür eine Belohnung zu kassieren. Das macht den Hund aber unaufmerksam und nicht ansprechbar. Ignorieren Sie ihn und geben ihm, sobald er sich wieder ruhig verhält, ein anderes Kommando, für das Sie ihn dann belohnen können.

Generalisierung

Wenn Sie einen Trick oder ein Kommando immer an der gleichen Stelle, beispielsweise im Wohnzimmer, üben und der Hund dieses Kommando perfekt beherrscht, bedeutet es nicht, dass er sich an das gleiche Kommando auch noch draußen auf der Wiese erinnert. Variieren Sie also oft Ihren Übungsort: Üben Sie mal im Wohnzimmer, im Schlafzimmer, im Garten, in der Stadt, auf dem Parkplatz. Verändern Sie auch Ihre Körperhaltung. Machen Sie doch mal den Versuch, legen sich draußen auf eine Wiese und geben Ihrem Hund ein einfaches Kommando. Hört Ihr Hund gleich aufs Wort, hat Ihr Hund das Kommando generalisiert. Egal wo Sie sind und wie Sie sich verhalten, er weiß trotzdem noch, was das Kommando bedeutet.

Die meisten Hunde werden allerdings so verwirrt sein, dass sie es auf Anhieb nicht schaffen, das Gewünschte zu zeigen. Das ist nicht weiter schlimm, aber versuchen Sie trotzdem, diese Dinge zu üben. Es macht die Kommandos sicherer und abrufbarer in allen Lebenslagen.

Kommandos und wie Sie noch mehr Eindruck machen

Es gibt verschiedene Möglichkeiten, die verschiedenen Tricks mit Laut- oder Sichtzeichen zu belegen. Wenn Sie diese Tricks für kleine Shows, Vorführungen oder Castings nutzen möchten, macht es Sinn, die Kommandos geschickt zu verpacken.

Wenn Sie zum Beispiel Besuch daheim beeindrucken möchten, indem Ihr Hund das Licht einschaltet, wählen Sie das Kommando „Licht". Sobald die Übung sicher sitzt, packen Sie das Signalwort in einen Satz. Sagen Sie: „Hier ist es aber dunkel, ich brauche mehr Licht." Wurde ausreichend geübt, filtert der Hund das Lautzeichen heraus und betätigt den Lichtschalter – und der Besucher ist äußerst beeindruckt.

Oder wählen Sie für Sockenausziehen das Kommando „Ausziehen". Auch das lässt sich wunderbar in einen Satz einbinden: „Ich bin so müde, kannst du mir die Socken ausziehen?" Beachten Sie aber bitte, dass hierfür der Trick bereits einwandfrei auf das Lautzeichen hin ausgeführt werden muss, bevor Sie beginnen können, es in einem Satz zu verpacken.

Überbetonen Sie anfangs das Signalwort im Satz, bis Sie zum normalen Ton übergehen.

Bedenken Sie aber, dass Ihr Hund diese Sätze dennoch überhören wird, wenn er friedlich schläft. Um eine Bereitschaft einzuleiten, kann man ein „Achtung, gleich kommt ein Kommando"-Wort einführen. Dieses zieht die Aufmerksamkeit des Hundes auf sich und der Hund weiß, gleich kommt ein Kommando. Wollen Sie dies für den unbeteiligten Zuschauer unauffällig halten, wählen Sie vielleicht ein Seufzen mit „Ach ja". Um das zu festigen, sind allerdings sehr viele Wiederholungen in Verbindung mit den Lautzeichen nötig. Beginnen Sie, mit „Ach ja" zu seufzen, und geben dem Hund dann ein Leckerchen. Wiederholen Sie das mehrmals täglich. Sobald der Hund bei diesem Wort aufmerksam herankommt, fangen Sie an, den Trick einzufordern, und belohnen den Hund erst danach. Um eine Löschung des Bereitschaftswortes zu vermeiden, sollten Sie dieses in Abständen immer wieder variabel verstärken.

Arbeiten auf Distanz

Tricks sind eine tolle Sache, machen aber noch mehr Eindruck, wenn sie auf Distanz ausgeführt werden können. Natürlich wird ein schön ausgeführtes „Schäm dich" auch direkt zu Ihren Füßen toll aussehen. Trotzdem sollten Sie daran arbeiten, dass es auch klappt, wenn fünf Meter zwischen Ihnen und dem Hund liegen. Das müssen Sie sich aber Zentimeter für Zentimeter erarbeiten. Entfernen Sie sich zuerst eine halbe Schrittlänge und geben das gewünschte Kommando. Wenn das funktioniert, gehen Sie in diesen Schritten weiter zurück. Vergessen Sie nicht, den Hund immer für den gut ausgeführten Trick zu belohnen. Wenn Sie merken, dass Ihr Hund ab einer bestimmten Entfernung Probleme bekommt, bleiben Sie mindestens eine Schrittlänge näher an ihm und das für die Dauer von fünf bis sechs Übungseinheiten. Danach tasten Sie sich vorsichtig wieder einen halben Schritt rückwärts und vergrößern von Mal zu Mal die Entfernung wieder. Das Schöne am Arbeiten auf Distanz ist, dass dem Hund dabei das Kommando völlig egal ist, ein „Sitz" oder „Platz" auf Entfernung ist also genauso möglich, wenn der Hund das Arbeiten auf Distanz gewohnt ist.

Handlungsketten

Manche Tricks, wie zum Beispiel das Geldstehlen, sind auf einer komplexen Handlungskette aufgebaut. Um es dem Hund so einfach wie möglich zu machen, beginnen Sie mit dem letzten Teil des Tricks. Wenn der Hund dieses Stück beherrscht, nehmen Sie den vorletzten Part dazu, üben diesen und reihen ihn dann an den letzten Teil, sodass Sie schon eine kleine Kette des kompletten Tricks zusammengestellt haben. Das hat den Vorteil, dass der Hund beim Lernen immer einen Erfolg hat, denn den Teil nach dem neu zu Erlernenden kennt er bereits und weiß, dass er sich damit eine Belohnung verdienen kann. Arbeiten Sie sich so langsam von hinten nach vorn durch, bis die komplette Handlungskette steht.

Um hier Fehler im Aufbau zu vermeiden, ist es sinnvoll, sich den Trick in allen Einzelheiten aufzuschreiben, dann in die einzelnen Bestandteile zu zerlegen und diese dann in die richtige Trainingsreihenfolge zu bringen. Üben Sie nicht zu viel auf einmal, sondern bauen Sie lieber langsam auf, damit Sie ein gutes, stabiles Grundgerüst bekommen.

Das „Nein"

Bei manchen Hunden ist es sinnvoll, eine Art „Schade, keine Belohnung"-Kommando einzuführen, da Sie den Hund eventuell während des Trainings doch mal in seiner Aktion stoppen müssen. Ein „Nein" als normales Unterbrechungskommando ist jedoch kontraproduktiv, da es häufig so negativ belegt ist, dass viele Hunde danach nicht mehr frei Handlungen anbieten. Es empfiehlt sich ein neues Kommando, das besagt: „Was du jetzt tust, wird zu keiner Belohnung führen."

Aufbauen kann man dies, indem man sich vor den Hund setzt, Leckerchen in beiden Händen hält und dem Hund in kurzen Abständen aus der einen Hand immer wieder ein Leckerchen gibt. Wenn der Hund sich an diesem schönen Zustand erfreut, schließen Sie auf einmal die Leckerchen gebende Hand und sagen „Nöööööö" in einem ruhigen, neutralen Ton. Alternativ können Sie natürlich auch „Schade" oder etwas Ähnliches als Signalwort wählen. Wendet sich der Hund der anderen Hand zu, bekommt er aus dieser ein Leckerchen. Um ihm den Anfang zu erleichtern, können Sie zu Beginn auch die andere Hand leicht bewegen, um ihn auf die Alternative aufmerksam zu machen. So lernt er, dass das „Schade, keine Belohnung"-Wort nicht völlig frustrierend sein muss, sondern dass er eine reelle Chance hat, sich mit einem anderen Verhalten wieder eine Belohnung zu verdienen.

Trainingstagebuch

Die meisten Hundehalter wissen nicht genau, wie viele Kommandos ihr Hund beherrscht. Schreibt man alle Kommandos einmal auf, kommt man oft auf eine sehr erstaunliche Anzahl. Notieren Sie die Kommandos mit den dazugehörigen Laut- und Sichtzeichen und ergänzen Sie sie immer wieder. Schreiben Sie sich auf, was Sie Ihrem Hund immer schon beibringen wollten, so haben Sie Ideen für die nächste Trainingseinheit. Wenn Sie Handlungsketten üben, notieren Sie hier die Aufteilung in die einzelnen Abschnitte.

Neigt Ihr Hund dazu, sehr fahrig und unkonzentriert zu sein, notieren Sie an jedem Trainingstag die äußeren Umstände wie Trainingsort, Wetter, Stimmungslage bei Ihnen und dem Hund, Telefonanrufe und ähnliche Unterbrechungen, die Art des Leckerchens und die Fortschritte, die Sie gemacht haben. Wenn Sie das über einige Wochen beobachten, werden Sie ein besseres Gefühl für Ihren Hund entwickeln und können die optimalen Lernbedingungen für ihn herausfiltern. Wenn Sie mehrere Hunde haben oder mit mehreren Hunden arbeiten, werden Sie so schnell die Stärken und Schwächen des Einzelnen herausfinden und besser darauf eingehen können.

Tricks

Sprung über Bein oder Arm

Im Dogdance oder in Frisbeeküren ist der Sprung über das Bein oft zu sehen. Diesen Sprung kann man sehr gut variieren und auf die verschiedenen Bedürfnisse von Hund und Halter abstimmen. Die Höhe des Sprungs ist abhängig von der Größe des Hundes. Der Hund muss gesund und ausgewachsen sein. Haben Sie oder Ihr Hund ein körperliches Gebrechen, wählen Sie lieber einen anderen Trick.

Um den Hund an diese ungewohnte Situation zu gewöhnen, beginnt man auf jeden Fall mit einer ganz niedrigen Höhe.

Hocken Sie sich im Kosakensitz hin und strecken Sie ein Bein aus. Locken Sie den Hund mit einem Leckerchen oder einem Spielzeug über Ihr Bein. In dem Augenblick, in dem der Hund zum Sprung ansetzt, geben Sie das Kommando „Spring". Manchmal ist eine zweite Person hilfreich, wenn der Hund sehr aufgeregt und wuselig ist. Der Helfer kann den Hund kurz festhalten, bis man sicher hockt und das Leckerchen auf der richtigen Seite des Beins hält. Dann wird der Hund erst losgeschickt. Läuft der Hund immer um das Bein herum, anstelle hinüber zu springen, kann man diese Übung an der engen Stelle eines Raums wie zum Beispiel einem Türrahmen üben, an der es keine Möglichkeit gibt, außen herumzulaufen. Achten Sie hierbei auch auf einen rutschfesten Untergrund.

Klappen die Sprünge sicher und ohne Probleme, kann man die Höhe variieren. Achten Sie dabei aber immer auf die körperlichen Gegebenheiten Ihres Hundes.

Springt Ihr Hund erst einmal über das Bein, ist eine Abwandlung zu einem Sprung über den Arm nur ein kleiner Schritt. Setzen Sie sich locker auf den Boden und halten einen Arm in einer Höhe, die für Ihren Hund problemlos zu bewältigen ist. Ermuntern Sie Ihren Hund mit einem Leckerchen und dem gleichen Kommando, das Sie für den Sprung über das Bein gewählt haben, um den Arm zu überspringen.

Langsam und vorsichtig wird Laika von Frauchen über das ausgestreckte Bein geführt.

Einen Sprung über das leicht angehobene Bein schaffen Hunde nach einigem Üben ohne Probleme. (Fotos: A. Maurer)

Tot

Der Hund liegt bewegungslos auf der Seite am Boden. Dies ist gerade für agile und bewegungsfreudige Hunde keine leichte Übung. Aus dem „Platz" heraus können Sie den Hund mithilfe eines Leckerchens in die Seitenlage locken. Dazu führen Sie ein Leckerchen vor der Nase des Hundes in einem Bogen in Richtung Schulterblatt. Um dem Leckerchen mit Nase und Augen folgen zu können, muss der Hund

Border-Collie-Hündin Emma wird mit dem Leckerchen in die richtige Lage gebracht. (Foto: A. Maurer)

sich zur Seite fallen lassen. Bestätigen Sie hier schon den Hund mit dem Leckerchen, auch wenn nur der Körper liegt, aber der Kopf noch ganz munter in die Gegend schaut. Langsam können Sie dann mit einem weiteren Leckerchen den Kopf dem Boden ein wenig näher bringen. Bitte drücken Sie den Hund nicht zu Boden, dies könnte er missverstehen. Außerdem wollen Sie die Tricks gemeinsam erarbeiten und nicht einfach den Hund in die gewünschte Position schieben.

In dem Augenblick, in dem der Hund auch seinen Kopf auf die Seite sinken lässt, geben Sie das Kommando „Tot" und belohnen ihn sofort mit einem Leckerchen.

Was tun, wenn der Hund nun aber immer wieder aufsteht, anstelle sich einfach auf die Seite fallen zu lassen, wenn Sie ihn mit dem Leckerchen in die Seitenlage locken wollen? Dafür kann es verschiedene Gründe geben. Manche Hunde mögen zum Beispiel nicht auf feuchtem Untergrund wie zum Beispiel taunassem Gras

Tot auf Distanz. (Foto: A. Maurer)

liegen. Manchen ist tatsächlich Fliesenboden zu hart. Hier kann ein Wechsel des Untergrundes helfen. Auch ist vielleicht das Leckerchen einfach zu lecker und es hilft, ein etwas trockeneres, nicht ganz so tolles Leckerchen zu wählen. Manchen Hunden ist es unheimlich, wenn sich die Hand in Richtung Genick bewegt, weil sie vielleicht früher schon mal schlechte Erfahrungen mit Menschen gemacht haben. Wenn es also so gar nicht klappen will, überlegen Sie, in welchen Situationen Ihr Hund freiwillig auf der Seite liegt, und bestätigen Sie diese! Das mag länger dauern, kann aber unter Umständen viel stressfreier sein.

Bellen

Auf Ihr Kommando hin beginnt der Hund zu bellen. Es gibt Hunde, die neigen zum Bellen, und es gibt Hunde, denen entlockt man kaum

*Australian Shepherd Dando würde nur
allzu gern den Ball bekommen.*

So angestachelt beginnt er zu bellen.

*In kurzer Zeit, zeigt der Hund das Bellen auf
ein Handzeichen hin. (Fotos: A. Maurer)*

ein leises Wuff. Bei beiden ist der Aufbau gleich, unterscheidet sich aber gewaltig in der Intensität.

Wenn Ihr Hund immer am Zaun den Nachbarhund anbellt, ist das nicht die Situation, in der Sie ihn dafür bestätigen sollten. Der Lernerfolg für diese Übung wäre dann gleich null. Nehmen Sie stattdessen lieber ein begehrtes Spielobjekt Ihres Hundes und spielen ausgelassen damit, jedoch ohne Ihren Hund mit einzubeziehen. Reizen Sie ihn damit, jedoch lassen Sie in keinem Fall zu, dass der Hund das Spielzeug bekommt.

Die meisten Hunde werden binnen kurzer Zeit aus Frust bellen. Bestätigen Sie den Hund sofort und am besten mit dem Spielzeug, denn das möchte er im Augenblick am liebsten haben.

Wiederholen Sie diese Übung mehrfach. Wenn Sie sicher sind, dass der Hund das Bellen wieder zeigen wird, geben Sie das Kommando „Laut" hinzu.

Damit Sie Ihren Hund nun aber nicht zum Kläffer erziehen, der Sie jedes Mal anbellt, wenn er etwas von Ihnen möchte, müssen Sie ab Einführung des Kommandos jegliches unerwünschte Anbellen unterbinden. Am besten funktioniert das, indem Sie sich abwenden und gehen. Ist der Hund dann still, loben und belohnen Sie ihn. Auch hier empfiehlt sich die Einführung eines Kommandos wie „Still" oder „Ruhe".

Vorsichtig berührt Snoopy mit der Pfote die Hand.

Pfötchen geben

Dies ist der Klassiker unter den Tricks und wohl das Kunststück, das die meisten Hunde beherrschen. Nach Aufforderung legt der Hund seine Pfote in Ihre Hand.

Nehmen Sie vor den Augen des Hundes ein Leckerchen in die Hand und schließen Sie diese zur Faust. Strecken Sie dem Hund die geschlossene Faust auf Brusthöhe entgegen. Anfänglich wird der Hund die Hand beschnuppern und dann versuchen, an das Leckerchen zu gelangen. Setzt der Hund seine Pfote ein, um an der Hand zu kratzen, bestätigen Sie ihn sofort.

Schnell gelernt! (Fotos: T. Stens)

Dazu können Sie das Leckerchen geben, das Sie in der geschlossenen Hand halten, oder besser noch, Sie geben ihm ein neues Leckerchen aus der anderen Hand. Manche Hunde scheinen sonst zu glauben, es ginge um das Ausbuddeln des Leckerchens aus der Hand, und wissen mit einer später ausgestreckten Hand, in der offensichtlich kein Leckerchen liegt, nicht so recht etwas anzufangen. Das können Sie umgehen, indem Sie mit der anderen Hand belohnen. Wenn Sie sehen, dass der Hund seine Pfote hebt, um damit Ihre Hand zu berühren, geben Sie das Kommando „Pfote" oder ein anderes Kommando Ihrer Wahl für diese Übung.

Was tun, wenn der Hund keinerlei Reaktion zeigt? Es gibt Hunde, die sitzen tatsächlich nur vor der geschlossenen Hand und gucken. Öffnen Sie dann noch mal die Hand, zeigen ihm das Leckerchen, schnuppern selbst interessiert daran und schließen die Hand wieder. Wechseln Sie die Position, rutschen Sie ein paar Meter zurück und bringen so etwas Bewegung hinein. Nützt das alles nichts, kann man auch die Pfote des Hundes in die Hand nehmen und ihn dann belohnen. Da der Hund bei dieser Lösung aber seinen Kopf nicht gebrauchen musste, kann es sein, dass bis zur Festigung des Kommandos mehr Wiederholungen erforderlich sind.

Als Variante können Sie das Pfotegeben mit rechts und mit links üben. Jeweils auf Kommando soll der Hund die gefragte Pfote geben. Wählen Sie hierbei das Kommando für die unterschiedlichen Pfoten mit Bedacht. Wählt man „Rechts" und „Links", kann man es nicht mehr so schön einbauen. Zeigt der Mensch dann auch noch die bekannte Rechts-Links-Schwäche, wird der Hund unnötig verwirrt. Nett sind auch Kommandos wie „Hallo" für die eine und „Tschüss" für die andere Pfote.

High five

Unter Sportlern häufig zu sehen ist das High Five, das Abklatschen der Hände bei über dem Kopf ausgestrecktem Arm. Es klingt kompliziert, ist aber eine recht leicht erlernbare Variante des Pfotegebens. Voraussetzung ist, dass Ihr Hund das Pfotegeben bereits beherrscht. Beginnen Sie nun die Handhaltung zu ändern. Haben Sie bisher Ihrem Hund die Hand wie zum Handschlag entgegengestreckt, zeigen nun die Fingerspitzen nach oben, die Handinnenfläche zum Hund. Die Hand wird knapp über Brusthöhe des Hundes gehalten. Anfänglich wird der Hund Ihre Hand vielleicht nur mit der Pfote streifen. Das ist schon sehr gut und Sie sollten es ausreichend bestätigen. Schafft Ihr Hund es gar, seine Pfote gegen Ihre Hand zu drücken – und sei es auch nur ganz kurz –, loben Sie überschwänglich und belohnen ihn mit einem Jackpot. Sobald der Hund die Pfote hebt, um sie auf Ihre Hand zu setzen, geben Sie das Kommando „High five".

Hoch ausgestreckte Pfoten und ausgestreckte Hände – so soll es aussehen. (Foto: A. Maurer)

Twist und Fox

Es geht auch im Stehen. (Foto: A. Maurer)

Der Hund dreht sich um sich selbst. Dies ist eine leicht zu erlernende Übung, die man mithilfe des Targetstabs oder einfach mit einem Leckerchen erarbeiten kann. Hund und Halter stehen sich gegenüber. Zeigen Sie dem Hund das Leckerchen und bewegen Sie es langsam, sodass der Hund gut folgen kann, in einem großen Bogen von der Nase aus in Richtung Schwanz. Folgt Ihr Hund Ihrer Bewegung, geben Sie direkt das Lautzeichen „Twist" dazu.

Um den Hund mit den Leckerchen in die Drehung zu locken, müssen Sie sich automatisch über Ihren Hund beugen. Dies ist manchen Hunden unangenehm und wirkt recht bedrohlich. Beobachten Sie Ihren Hund. Zeigt er Anzeichen von Unwohlsein, üben Sie lieber mit dem Targetstab, wenn Ihr Hund bereits gelernt hat, diesem zu folgen. Die Anleitung hierzu finden Sie weiter vorn im Buch. Haben Sie nun eine komplette Drehung geschafft, bestätigen Sie den Hund und wiederholen Sie die Übung.

Drehen kann sich der Hund entweder links- oder rechtsherum. Meist fällt Hunden eine Seite deutlich leichter als die andere. Üben Sie anfangs nur eine Richtung und erst wenn diese Übung sicher klappt, versuchen Sie die Drehung zur anderen Seite. Wählen Sie für die Drehungen in die unterschiedlichen Richtungen auch zwei verschiedene Kommandos, zum Beispiel „Twist" und „Fox". Um dem Hund die Unterscheidung der Drehrichtung per Sichtzeichen zu erleichtern, bietet es sich an, bei der Drehung im Uhrzeigersinn mit der rechten Hand, gegen den Uhrzeigersinn mit

Kleine Hunde setzen sich dabei oft hoch auf die Hinterbeine. Das sieht nett aus und ist eine tolle Variante, die man auch bei großen Hunden einüben kann, wenn sie das High Five im Sitzen schon können, indem man einfach die Hand immer höher hält und der Hund mit den Vorderbeinen hochgehen muss, um an die Hand zu gelangen.

Mit der rechten Hand wird Pongo rechtsherum zum „Twist" geführt.

Zum „Fox" am besten das Leckerchen mit der anderen Hand führen. (Fotos: A. Maurer)

der linken Hand den Hund mit dem Leckerchen zu locken. Später können Sie dann für die Drehung nur ein Sichtzeichen nutzen. Abhängig davon, ob Sie das Zeichen mit der rechten oder der linken Hand geben, bestimmen Sie die Richtung.

Rolle

Der Hund rollt sich einmal um sich selbst. Bitte beachten Sie, dass gerade bei größeren Rassen immer die Gefahr einer Magendrehung besteht. Bei einer rassebedingten Neigung dazu verzichten Sie bitte auf diesen Trick. Auch kleiner Hunde sollten etwa drei Stunden vor der Übung nicht gefüttert werden.

Lassen Sie den Hund hinlegen und achten Sie darauf, ob er entspannt leicht seitlich liegt, wobei die Hinterbeine zu einer Seite gerichtet sind. Nehmen Sie ein Leckerchen und führen Sie es im Bogen von der Nase des Hundes in Richtung Schulterblatt, und zwar in Richtung der Seite, zu der auch die Beine zeigen. Verfolgt der Hund das Leckerchen durch Drehen des Kopfes, muss er sich auf die Seite fallen lassen, um es nicht aus den Augen zu verlieren. Manche Hunde springen an diesem Punkt immer wieder auf, ohne dass man die Rolle komplett zu Ende führen kann. Dann sollten Sie den Hund schon bestätigen, wenn er auf der Seite liegt. Führen Sie dann das Leckerchen langsam weiter über den Körper, sodass der Hund es mit den Augen und dem Kopf verfolgen kann. Sobald der Hund den Körper so weit herumgedreht hat, dass die Beine zur anderen Seite zeigen, bestätigen Sie den Hund.

Das Kommando „Rolle" geben Sie während des Aufbaus des Tricks immer dann, wenn der Hund über den Rücken rollt. Bauen Sie nach und nach die Leckerchen als Hilfestellung innerhalb der Übung ab und belohnen Sie nur noch, wenn der Hund komplett herumgerollt ist.

Winken

Eine sehr schöne Abwandlung vom Pfotegeben ist das Winken mit der Pfote. Der Aufbau ist dem des Pfotegebens sehr ähnlich. Strecken Sie Ihrem Hund die Hand entgegen. Versucht er,

Laika behält das Leckerchen gut im Auge und rollt sich um die eigene Achse. (Fotos: A. Maurer)

Ein Winken von Ihnen als Sichtzeichen für den Hund ist eine schöne Idee. (Foto: A. Maurer)

seine Pfote in Ihre Hand zu legen, ziehen Sie rasch die Hand weg und bestätigen Sie Ihren Hund für das In-die-Luft-Schlagen. Geben Sie hierbei das Kommando „Winken".

Variieren Sie die Höhe. Um ein schönes Winken zu zeigen, sollte der Hund die Pfote möglichst hoch heben. Als Sichtzeichen ist auch ein Winken geeignet. Es sieht sehr nett aus, wenn Sie Ihrem Hund zuwinken und der Hund winkt scheinbar zurück.

Schäm dich

Der Hund legt eine Pfote über die Schnauze oder wischt mit der Pfote über die Schnauze.

Dies ist ein sehr niedlicher Trick, der immer gut ankommt. Verschiedene Hilfsmittel kann man hier benutzen: ein Post-it, ein Stück Klebestreifen, das man vorher so präpariert, dass es nicht mehr allzu gut klebt, oder einen Baumwollfaden.

Schäferhund-Mix Luke versucht, sehr zielgenau den Faden von der Nase zu wischen.

des Fadens lieber das Post-it. Das ist ideal, weil es zwar klebt, beim Abwischen den Hund aber nicht zieht. Wenn Sie stattdessen Klebestreifen verwenden, drücken Sie diesen vorher ein paar Mal gegen ein Handtuch, damit die Klebekraft geringer wird. Achten Sie darauf, dass es keinesfalls unangenehm für Ihren Hund wird. Variieren Sie die Stelle, bis Sie den optimalen Punkt für Ihren Hund kennen.

Wenn Sie den Streifen aufgeklebt haben und sicher sind, dass Ihr Hund nun die Aktion des Pfotenwischens zeigt, nehmen Sie das gewünschte Kommando dazu wie „Schäm dich" oder etwas Ähnliches. Üben und bestätigen Sie häufig hintereinander. Dann versuchen Sie es ohne Hilfsmittel. Geben Sie dem Hund Ihr Kommando und warten Sie, ob er die Aktion zeigt. Zeigt er sie noch nicht ohne Hilfsmittel, müssen Sie eine Weile weiterüben, bis er endgültig verstanden hat, worum es geht.

Auch ein Klebezettel wird weggewischt.
(Fotos: A. Maurer)

Lassen Sie den Hund sitzen und legen ihm den Baumwollfaden auf die Schnauze. Die meisten Hunde werden sogleich versuchen, den Faden wieder loszuwerden. Benutzt der Hund hierzu seine Pfote, bestätigen Sie ihn sofort und wiederholen die Übung. Manchmal müssen Sie den geeigneten Platz für den Faden herausfinden. Liegt er sehr weit vorn, kann es sein, dass ihn der Hund gar nicht bemerkt und so auch gar keine Aktion zeigt.

Senkt Ihr Hund nur den Kopf und der Faden fällt von allein hinunter, benutzen Sie anstelle

Pudelmix-Hündin Ronja ist bereit.

Das erfolgreiche Durchlaufen wird sofort belohnt! (Fotos: A. Maurer)

Slalom

Der Hund schlängelt sich von rechts nach links zwischen den Beinen des Menschen durch, während dieser sich vorwärts oder rückwärts bewegt. Oft beim Dogdance oder Frisbee zu sehen ist dies eine Übung, die man wunderbar bei jedem Spaziergang einbauen kann. Leckerchen, Beine und Hund zu koordinieren sieht aber oft leichter aus, als es ist. Suchen Sie sich eine Seite aus, an der Sie beginnen.

Als Beispiel nehmen Sie den Hund an Ihre linke Seite. Stellen Sie den rechten Fuß vor, den linken etwas zurück, sodass Sie einen Durchgang für den Hund bilden. Als Faustregel sollten Sie sich merken, dass Sie mit dem Oberkörper immer dem Hund zugewandt stehen sollten. Denn steht der Hund bei dieser Beinstellung an Ihrer rechten Seite, müssen Sie sich sehr verdrehen, um den Hund zu sehen und ihn zu bestätigen.

Nehmen Sie ein Leckerchen in Ihre rechte Hand und locken Sie den Hund durch Ihre Beine. Folgt er Ihrer Hand, bestätigen Sie ihn sofort mit dem Leckerchen. Machen Sie einen Schritt nach vorn. Nun steht Ihr linkes Bein vorn und der Hund befindet sich an Ihrer rechten Seite. Nehmen Sie ein Leckerchen in die linke Hand und locken Sie den Hund wieder durch die Beine. Jedes Mal, wenn der Hund ansetzt, durch Ihre Beine zu laufen, geben Sie das Kommando „Durch".

Was anfangs etwas steif und ungelenk aussieht, wird mit der Zeit immer flüssiger. Klappt das Durchlaufen gut, bestärken Sie nur noch jedes zweite bis dritte Mal und bleiben Sie mit der Zeit immer aufrechter stehen. Bei sehr kleinen Hunden ist hier der Einsatz eines Targetstabs sinnvoll, bei dem der Hund gelernt hat, dem Stab zu folgen. So müssen Sie sich nicht so tief bücken.

Es gibt Hunde, die ein großes Problem haben, wenn der Mensch so über sie gebeugt steht, und nicht zwischen den Beinen hindurchlaufen möchten. In diesem Fall kann man es mit dem Targetstab versuchen und sich dabei ruhig mit dem Oberkörper vom Hund abwenden, um möglichst wenig bedrohlich zu wirken. Oder Sie lassen einen Ball oder ein Leckerchen zwischen Ihren Beinen durchrollen, damit der Hund diesem folgen kann. Damit der Hund hierbei nicht um Sie herumläuft, sollten Sie wieder einen strategisch günstigen Platz, wie zum Beispiel einen Türrahmen, wählen.

Acht durch die Beine

Diese Übung ist im Prinzip nur eine Abwandlung des Slaloms, bei der Sie auf einer Stelle stehen bleiben.

Was anfangs recht anstrengend ist, sieht später ohne Hilfen ganz flüssig und leicht aus. (Fotos: A. Maurer)

Stellen Sie sich breitbeinig hin mit dem Hund an Ihrer linken Seite. Beugen Sie das rechte Knie leicht und locken Sie den Hund mit einem Leckerchen von vorn links nach hinten rechts durch, indem Sie das Leckerchen in Ihrer rechten Hand von hinten gut sichtbar zwischen Ihren Beinen halten. Befindet sich der Hund nun an Ihrer rechten Seite, beugen Sie das linke Knie leicht und locken den Hund mit einem Leckerchen von vorn rechts nach hinten links durch. Dieses Kniebeugen wird dem Hund nachher als Sichtzeichen für die Acht durch die Beine dienen. Kann Ihr Hund bereits den Slalom durch die Beine, können Sie den Hund auch anfangs mit dem gleichen Kommando die Achten durch die Beine laufen lassen.

Spielaufforderung

Diese Übung wird Diener oder richtig Vorderkörpertiefstellung genannt. Verbeugung trifft es auch sehr gut und wird häufig beim Dogdance im Anschluss an die Show gezeigt.

Knien oder hocken Sie sich neben Ihren stehenden Hund. Halten Sie ein Leckerchen in der Hand, die in Richtung des Hundekopfes zeigt. Die andere Hand halten Sie locker ausgestreckt unter den Bauch des Hundes. Lassen Sie den Hund am Leckerchen schnuppern und bewegen dann die Hand langsam nach unten zwischen die Vorderpfoten des Hundes. Folgt Ihnen der Hund mit Nase und Kopf, ziehen Sie die Hand mit dem Leckerchen weiter nach vorn zwischen die

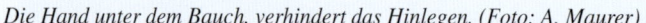

Die Hand unter dem Bauch, verhindert das Hinlegen. (Foto: A. Maurer)

Pfoten. Vielleicht haben Sie so Ihrem Hund das Kommando Platz beigebracht. Nun hindern Sie aber den Hund mit der zweiten, unter dem Bauch ausgestreckten Hand daran, den Po mit herunterzunehmen. Begibt sich der Hund mit dem Vorderkörper nach unten, geben Sie das gewünschte Kommando, zum Beispiel „Diener".

Es gibt Hunde, die sich sehr unwohl fühlen, wenn sie die Hand unter dem Bauch spüren, und ausweichen oder sich flach auf den Boden legen. Versuchen Sie es dann auf andere Art. Setzen Sie sich auf den Boden mit dem Hund links von Ihnen, Ihr linkes Bein lang ausgestreckt, das rechte Bein angewinkelt. Locken Sie den Hund mit einem Leckerchen über Ihrem linken und unter Ihrem rechten Bein hindurch. Durch das liegende Bein kann der Hund den Hinterkörper nun nicht ablegen und durch das rechte, angewinkelte Bein den Vorderkörper nicht aufrichten. Bestätigen Sie ihn in dieser Haltung. Bei größeren Hunden wird ein Anwinkeln des Beines nicht ausreichend Platz für den Hund schaffen. Positionieren Sie sich dann in einem Türrahmen und stemmen Sie das Bein angepasst an die Höhe Ihres Hundes dagegen.

Eine dritte Möglichkeit ist, dieses Verhalten mit dem Clicker einzufangen. Viele Hunde zeigen genau diese Vorderkörpertiefstellung, wenn sie lange Zeit gelegen haben und sich nach dem Aufstehen strecken. Klicken Sie diesen Moment häufig an, haben Sie gute Chancen, dass der Hund das Verhalten von sich aus anbietet.

Das angewinkelte Bein verhindert das Aufrichten des Vorderkörpers, das ausgestreckte das Hinlegen des Hinterkörpers. (Foto: A. Maurer)

Sprung über den Körper

Wenn Ihr Hund bereits den Sprung über das Bein gelernt hat, haben Sie schon die Grundvoraussetzungen. Nutzen Sie für das Überspringen von Körperteilen wie Armen, Beinen, Bauch und Rücken ruhig das gleiche Kommando. Aufgrund der unterschiedlichen Kör-

Üben Sie diesen Trick zu Anfang nur mit Hilfspersonen. (Foto: A. Maurer)

perhaltung bei den einzelnen Übungen ist das gut vereinbar, ohne den Hund zu verwirren.

Während der Lernphase geben Sie jeweils im Ansatz des Sprungs über den jeweiligen Körperteil das Kommando „Spring". Sollten Sie oder Ihr Hund ein körperliches Gebrechen haben, verzichten Sie bitte auf diesen Trick.

Etwas leichter und ohne Hilfspersonen möglich ist der Sprung über den Bauch. Bei kleinen Hunden können Sie auf dem Rücken liegend beginnen. Der Hund befindet sich auf Ihrer linken Seite. Locken Sie mit einem Spielzeug oder einem Leckerchen in der rechten Hand den Hund. Versucht er Sie zu umlaufen, legen Sie sich wieder an eine verengte Stelle oder verstellen Sie den Weg um Sie herum. Bedenken Sie, dass der Hund vielleicht nicht ganz über Sie springt, sondern eventuell von Ihrem Bauch abspringt. Je nach Größe und Gewicht des Hundes kann das schmerzhaft sein. Strafen Sie den Hund in keinem Fall. Es ist eine neue Situation für ihn und ohne Sie wäre er nicht auf den Gedanken gekommen, über Sie hinwegzuspringen.

Ist Ihr Hund etwas größer, können Sie sich auch auf den Boden mit angewinkelten Beinen setzen. Stellen Sie die Hände etwas mehr als hüftbreit hinter sich und heben Sie den Po dabei an. Nun kann der Hund seitlich über Sie springen. Achten Sie darauf, dass Sie einen sicheren Stand haben, und ermuntern dann den Hund zu springen. Hierbei kann anfangs eine Hilfsperson nötig sein.

Dasselbe gilt für den Sprung über den Rücken. Hierbei sollten Sie anfangs im besten Fall zwei Hilfspersonen haben. Knien Sie sich auf einen weichen Untergrund und stützen Sie die Arme schulterbreit auseinander auf. Sorgen

Bis der Hund ganz sicher springt, erleichtert die Hilfe einer zweiten Person die Übung. (Foto: A. Maurer)

Ein fester Stand ist nötig, um den Hund über den Rücken springen zu lassen. (Foto: T. Stens)

Sie für einen ausreichenden Schutz Ihres Rückens vor Kratzern durch die Hundekrallen, indem sie mehrere T-Shirts oder eine Neoprenweste tragen. Sie sollten keine rutschige Oberbekleidung tragen, auf der Ihr Hund keinen Halt findet. Er muss sich sicher fühlen, wenn er über Ihren Rücken springt. Die Helfer stellen sich rechts und links dicht neben Sie. Ein Helfer lockt den Hund mit einem Leckerchen über

Ihren Rücken, und zwar ausgehend von Ihrem Gesäß. Hierbei wird das Leckerchen so positioniert, dass der Hund erst nach dem Sprung daran kommt. Verbinden Sie das mit Ihrem gewünschten Kommando für diese Übung.

Klappt diese Übung nach einigen Wiederholungen schon gut, verzichten Sie auf einen der Helfer. Hierbei kann es passieren, dass der Hund um Sie herumläuft, statt über Ihren Rücken zu springen. Gehen Sie dann einen Schritt zurück und üben mit zwei Helfern weiter. Springt Ihr Hund sicher und ohne Angst mit einem Helfer, können Sie versuchen, nach weiteren Übungseinheiten einen Versuch ohne Helfer zu starten.

Je nach Größe des Hundes können Sie Ihrem vierbeinigen Freund auch beibringen, auf Ihren Rücken zu springen und dort stehen zu bleiben. Der Aufbau ist hierbei ähnlich und die beiden Helfer kommen wieder zum Einsatz. Jetzt hält der Helfer das Leckerchen ungefähr in Höhe Ihres Genicks, sodass der Hund mit den Vorderpfoten etwa in Höhe Ihrer Schulterblätter zum Stehen kommen muss, um an das Leckerchen zu gelangen. Wählen Sie hierfür das Kommando „Auf" für das Aufspringen auf Gegenstände. Der Abbau der Hilfen erfolgt ebenso, wie oben beschrieben. Ist Ihr Hund nicht zu schwer und ein guter Springer, können Sie nachher auch dazu übergehen, ihn auf den Rücken springen zu lassen, wenn Sie gebeugt stehen. Dies ist ebenfalls eine Übung, die oft beim Dogdance oder beim Frisbee zu finden ist. Bei großen Rassen sollten Sie von solchen Plänen allerdings Abstand nehmen.

Das erste Interesse an der Socke ist geweckt.

Und schon wird sie ausgezogen. (Fotos: A. Maurer)

Socken ausziehen

Der Hund zieht dem Menschen vorsichtig die Socken aus.

Beginnen Sie am besten mit einer dicken, festen Wollsocke. Anfangs sollten Sie eine Socke wählen, die ganz locker am Fuß sitzt. Halten Sie die Socke zu Beginn locker in der Hand, zeigen Sie sie dem Hund und ermuntern ihn, diese zu fassen. Kann Ihr Hund bereits „Nimm" und „Zieh", können Sie dies auch nutzen. Lassen Sie den Hund zuerst nur die locker gehaltene Socke aus der Hand ziehen. Belohnen Sie ihn und wiederholen Sie die Übung, bis Sie sicher sind, dass Ihr Hund an der Socke ziehen wird.

Stülpen Sie die Socke nur so weit über Ihren Fuß, dass gerade eben die Zehen bedeckt sind. Zeigen Sie dem Hund die Socke. Nimmt der Hund die Socke und zieht sie dabei von den Zehen, loben Sie ihn überschwänglich und erschweren die Übung von Mal zu Mal etwas mehr. Es kann eine Weile vergehen, bis der Hund die vollständig angezogene Socke vom Fuß ziehen kann. Wollen Sie noch mehr Eindruck machen, können Sie dann immer dünnere Socken verwenden. Einen dünnen Sommerstrumpf vom Fuß zu ziehen ist deutlich schwieriger.

Nach dem gleichen Prinzip können Sie auch das Handschuhausziehen üben oder das Aufziehen einer Schnürsenkelschleife.

Mithilfe des Leckerchens wird der Hund zum Rückwärtsgehen gebracht.

Rückwärts einparken

Der Hund steht frontal vor Ihnen, dreht sich dann um und geht rückwärts durch Ihre Beine.

Stellen Sie sich mit leicht gespreizten Beinen hin, ein Leckerchen in der Hand. Der Hund steht vor Ihnen und schaut Sie an. Zeigen Sie ihm das Leckerchen, halten es vor seine Nase und bewegen die Hand im großen Bogen in einem Halbkreis in Richtung seines Hinterteils. Bewegen Sie die Hand langsam, damit der Hund Ihrer Hand gut folgen kann. Nun steht der Hund immer noch vor Ihnen, aber mit dem Hinterteil zu Ihnen gewandt. Mithilfe des Leckerchens bewegen Sie ihn nun dazu, rückwärts zwischen Ihren Beinen durchzugehen.

Von Vorteil ist es hierbei, wenn Sie die Übung Rückwärtsgehen bereits mit ihm geübt haben.

Nach einigem Üben „parkt" der Hund ohne Hilfe rückwärts ein. (Fotos: A. Maurer)

Sobald der Hund beginnt, sich rückwärts durch Ihre Beine zu bewegen, sagen Sie das Kommando „Home". Belohnen Sie anfangs bereits die kleinen Schritte. Später können Sie dazu übergehen, erst zu belohnen, wenn der Hund komplett durch die Beine gegangen ist und nun hinter Ihnen steht.

Bei den meisten Hunden reicht später oft ein Handzeichen, das eine ganz abgeschwächte Form der vorher ausladenden Bewegung mit dem Leckerchen ist.

Kombinieren kann man das Ganze auch mit der Übung „Polonaise" zum Beispiel für Dogdance.

Reißverschluss öffnen

Der Hund öffnet einen Reißverschluss. Hierfür verwenden Sie eine Jacke oder eine Tasche mit einem leichtgängigen Reißverschluss, der nicht zum Verhaken neigt. Am Zipper selbst befestigen Sie ein Stück Kordel, damit der Hund den Zipper auch aufziehen kann. Manche Jacken oder Taschen verfügen bereits über ein sogenanntes Ziptag, dann können Sie auch dieses nutzen. Zeigen Sie dem Hund den Zipper und fordern ihn mit dem Kommando „Nimm" auf, den Zipper zu fassen.

Belohnen Sie sofort und wiederholen Sie die Übung, bis der Hund den Zipper bereitwillig und gern ins Maul nimmt. Dann gehen Sie einen Schritt weiter und fordern ihn mit „Zieh" auf, an dem Zipper zu ziehen. Bewegt sich der Reißverschluss – auch wenn es nur wenige Millimeter sind –, loben Sie überschwänglich.

Üben Sie, bis der Hund es schafft, den Reißverschluss komplett aufzuziehen.

Vorsichtig fasst Scully die am Zipper befestigte Kordel.

Ist die Übung einmal verstanden, wird der Reißverschluss bis unten aufgezogen. (Fotos: A. Maurer)

Jacke ausziehen

Hierfür ist es wichtig, dass der Hund das Reißverschlussöffnen bereits beherrscht. Suchen Sie eine Jacke aus, die vielleicht schon etwas älter und robuster ist, da der Hund nachher am Ärmel ziehen soll. Der Reißverschluss sollte leichtgängig sein und nicht zum Verhaken neigen, auch wenn man ihn aus verschiedenen Winkeln zieht. Befestigen Sie auch hier ein Stückchen Kordel am Zipper. Wenn Sie an dieser Jacke noch nicht das Öffnen geübt haben, erwarten Sie nicht, dass Ihr Hund automatisch erkennt, dass es ein Reißverschluss ist, und weiß, wie man diesen öffnet. Hunde generalisieren sehr schlecht, also müssen Sie ihm helfen und ihn kurz an sein eigentliches Wissen erinnern. Legen Sie die Jacke auf den Boden oder Schoß, je nach Größe Ihres Hundes, und üben zuerst noch mal das Öffnen, wie im Trick zuvor beschrieben.

Klappt das, ziehen Sie die Jacke an und knien sich vor den Hund. Der Zipper sollte sich in einer für den Hund gut erreichbaren Höhe befinden. Ermuntern Sie ihn, den Zipper zu fassen und zu öffnen. Belohnen Sie ihn, wenn das gut klappt. Wiederholen Sie die Übung oft. Gehen Sie dann dazu über, nur noch zu bestätigen, wenn der Hund es schafft, den Reißverschluss komplett zu öffnen. Bedenken Sie immer die Größe Ihres Hundes. Sie müssen dafür sorgen, dass Ihr Hund an den Reißverschluss herankommt.

Wenn der Hund schnell verstanden hat, worum es geht, und rasch ohne Aufforderung den Zipper fasst, können Sie ein neues

Auch ein kleinerer Hund kann eine Jacke öffnen.

Um die Jacke ausziehen zu können, muss der Reißverschluss komplett geöffnet sein.

Improvisation ist alles: Hat die Jacke keine Ärmel, kann man sie auch anders ausziehen. (Fotos: A. Maurer)

Kommando wie zum Beispiel „Zipper" oder „Ausziehen" einführen und müssen nicht beim „Zieh" bleiben.

Um die Jacke nun komplett auszuziehen, muss der Hund nur noch an den Ärmeln ziehen. Dazu ziehen Sie Ihre Hand in den Ärmel, fassen mit der anderen Hand das Ärmelende und lassen den Hund mit dem Kommando „Nimm" und „Zieh" an dem Ärmel ziehen. Helfen Sie mit, indem Sie aus dem Ärmel herausschlüpfen, und bestätigen Sie den Hund. Verfahren Sie mit dem zweiten Ärmel ebenso.

Skateboard fahren

Der Hund stellt sich auf ein Skateboard und fährt. Verwenden Sie hierfür ein der Größe Ihres Hundes angepasstes Skateboard. Von Vorteil sind ältere Modelle, vielleicht vom Flohmarkt, die ein langsam gängiges Kugellager haben. Schützen Sie das Skateboard beim ersten Kontakt mit dem Hund vor Verrutschen, indem Sie ein kleines Kissen unterlegen oder die Rollen mit großen Steinen blockieren. Wenn Sie klickern, nutzen Sie ruhig den Clicker, um den ersten Kontakt zwischen Hund und Skateboard herzustellen.

Ansonsten locken Sie Ihren Hund mit einem Leckerchen auf das Skateboard. Belohnen Sie, wenn die erste Pfote das Board berührt. Geben Sie auch hier ruhig schon das Kommando „Skate". Wenn Ihr Hund sich ohne Probleme auf das Board stellt, können Sie die Bremsen langsam abbauen. Beginnen Sie die ersten Fahrübungen am besten auf einem nicht allzu

So gesichert kann das Skateboard nicht verrutschen. (Foto: A. Maurer)

glatten Untergrund; gut geeignet ist zum Beispiel ein Teppich. Hier rollt das Skateboard nicht so schnell wie auf einer geteerten Fläche und der Hund kann sich besser an die Bewegung gewöhnen. Da Sie nun wieder ganz neue Voraussetzungen haben, beginnen Sie auch jetzt damit, schon das Aufsetzen von nur einer Pfote zu belohnen. Sobald der Hund beide Vorderpfoten auf das Skateboard setzt, wird es sich schon leicht bewegen. Bestärken Sie das mit Leckerchen. Klappt das bereits gut, versuchen Sie etwas längere Strecken herauszuarbeiten.

Zeigt Ihr Hund jedoch Angst oder Unsicherheiten auf dem wackligen Gefährt, gehen Sie bitte in Minischritten vor oder verzichten Sie auf diesen Trick.

Scully hat sichtlich Spaß am Fahren. (Foto: T. Stens)

Gegenstände auf dem Po balancieren

Der Hund steht in der Vorderkörpertiefstellung und balanciert in dieser Position Gegenstände, die man auf seinen Po legt. Voraussetzung für diesen Trick ist, dass der Hund die Vorderkörpertiefstellung bereits sicher beherrscht.

Bringen Sie den Hund in die Vorderkörpertiefstellung.

Gleichzeitiges Füttern mit Leckerchen erleichtert die ersten Annäherungen.

Nach einigem Üben balanciert Benda den Becher ganz souverän. (Fotos: A. Maurer)

Viel Vertrauen und Übung sind nötig, damit dieser Trick funktioniert. (Foto: A. Maurer)

Im Prinzip kann man den Hund viele Dinge auf dem Po balancieren lassen. Fangen Sie mit einfachen, flachen Gegenständen an. Oft kommt es vor, dass der Hund, sobald man etwas auf den Po legen will, aufsteht und sich nach dem Gegenstand umdreht. Lassen Sie den Hund also zuvor den Gegenstand Ihrer Wahl ausgie-

big betrachten und beschnuppern, damit er ihn nicht als bedrohlich empfindet. Es kann auch helfen, den Hund gleichzeitig beim Auflegen des Gegenstandes mit Leckerchen zu füttern.

Bringen Sie den Hund in die Spielaufforderung, knien oder hocken Sie sich daneben und geben Sie ihm Leckerchen, während Sie mit einem Gegenstand vorsichtig und kurz den Po berühren. Nehmen Sie den Gegenstand sofort wieder weg und loben Sie überschwänglich. Bauen Sie dies langsam aus: Halten Sie den Gegenstand für ein bis zwei Sekunden fest und nehmen ihn wieder herunter. Wenn der Hund es schafft, den Gegenstand für einige Sekunden zu balancieren, können Sie auch versuchen, sich ein paar Schritte dabei vom Hund zu entfernen.

Ist der Hund sehr kooperativ, kann man einen recht Aufsehen erregenden Trick herausarbeiten: Lassen Sie den Hund einen Becher balancieren. Zu Anfang helfen Becher mit recht breitem Boden wie zum Beispiel eine Kinder-Trinklerntasse. Klappt das sicher, gehen Sie einen Schritt weiter, nehmen eine Flasche Wasser und gießen etwas Wasser in den Becher, während der Hund den Becher balanciert.

Fangen Sie wirklich nur mit einigen Tropfen an, nehmen den Becher dann herunter und loben und belohnen Sie den Hund überschwänglich. Steigern Sie die Wassermenge nach und nach. Zur Belohnung oder wegen des Showeffektes können Sie Ihren Hund auch selbst aus dem Becher trinken lassen. Steht Ihr Hund aber immer wieder im Moment des Eingießens auf, bitten Sie eine zweite Person um Hilfe, die den Hund mit Leckerchen belohnt, während Sie die ersten Tropfen in den Becher gießen.

Boomer

Vielleicht werden Sie sich an die Kinderserie „Boomer, der Streuner" aus den 180er-Jahren erinnern. Der niedliche Wuschelhund stemmte seine Pfoten auf ein Klettergerüst und steckte dann den Kopf zwischen den Pfoten durch. Das kann man mit jedem Hund, egal welcher Größe, üben. Und man braucht dazu auch kein Klettergerüst. Die gleiche Übung kann Ihr Hund an Ihrem Arm zeigen. Positionieren Sie sich so,

dass sich Ihr Unterarm zwischen Ihnen und Ihrem Hund befindet. Halten Sie Ihren Arm ausgestreckt etwas über Kopfhöhe des Hundes. Mit einem Leckerchen ermuntern Sie ihn sich aufzurichten, um an das Leckerchen zu kommen. Bieten Sie ihm den Arm, um sich mit den Vorderpfoten abzustützen, und geben ihm das Leckerchen, während die Pfoten noch an Ihrem Arm sind. Halten Sie ihn dort eine Weile und bestätigen das immer wieder mit Leckerchen.

Versuchen Sie dann mit einem Leckerchen, den Kopf des Hundes zwischen seine Vorderpfoten zu locken. Nehmen Sie dazu ein Leckerchen und halten es unterhalb Ihres Armes zwischen die Vorderpfoten des Hundes. Belohnen Sie schon kleine Ansätze, solange der Hund noch beide Pfoten auf Ihrem Arm hat.

Kann Ihr Hund diese Übung an Ihrem Arm, können Sie die gleiche Übung auch auf Spaziergängen an Ästen oder Zäunen üben.

Aufmerksam wartet Gini jetzt auf ihre Belohnung.

Aufräumen

Wer wünscht sich nicht einen Hund, der aufräumt – und sei es nur das eigene Spielzeug. Am besten erarbeitet man diesen Trick mit dem Clicker. Nehmen Sie einen Karton oder eine Kiste. Die Größe ist ideal, wenn die Kante ungefähr bis zur Brusthöhe des Hundes reicht. Stellen Sie die Kiste in die Mitte des Zimmers und räumen alle Spielzeuge bis auf eines weg. Mit dem Kommando „Nimm" geben Sie dem Hund das Spielzeug. Jede noch so kleine Annäherung mit dem Spielzeug an die Kiste wird mit Klick und Leckerchen bestätigt.

Nase unterm Arm durch, dann gibt es die nächste Belohnung. (Fotos: A. Maurer)

Zielstrebig nähert sich Jonny der Kiste …

… und räumt auf. (Fotos: A. Maurer)

es in die Kiste fällt, geben Sie das Kommando „Räum auf" hinzu. Belohnen Sie den Hund mit einem besonderen Leckerchen. Wenn Ihr Hund sehr gut apportiert, können Sie ihn auch das Spielzeug nehmen und mit einem „Aus" in die Kiste legen lassen. Dabei kann es sein, dass der Hund das „Aus" nicht unbedingt folgerichtig mit dem Einräumen des Spielzeugs in die Kiste verknüpft beziehungsweise dass es recht lange dauern kann, bis er diese Übung auf Distanz ausführt.

Leckerchen balancieren und fangen

Dies ist wohl einer der beliebtesten Tricks und macht richtig was her. Der Hund balanciert ein Leckerchen auf dem Nasenrücken, schleudert es auf ein Zeichen hoch und fängt es mit dem Maul. Für den letzten Teil ist es wichtig, dass der Hund schon das Fangen von Leckerchen aus der Luft gelernt hat. Manche Hunde sind echte Naturtalente, andere tun sich etwas schwerer.

Üben Sie mit Ihrem Hund, indem Sie zielgenau werfen. Lassen Sie Ihren Hund sitzen und werfen ihm ein Leckerchen zu. Versuchen Sie, gut zu zielen. Ist Ihr Hund ein guter Fänger, werfen Sie mal etwas zu weit links, mal etwas zu weit rechts. Schafft er es trotzdem, das Leckerchen zu fangen, wird er den Trick wahrscheinlich recht schnell lernen können. Fängt der Hund das Leckerchen nicht und es fällt zu Boden, lassen Sie es ihn nicht fressen, sondern heben Sie es auf und werfen noch einmal. Üben

Da der Hund beim Klick das Spielzeug fallen lassen wird, um sich seine Belohnung zu holen, können Sie durch geschicktes Platzieren der Kiste auch das Hineinfallen des Spielzeugs provozieren. In dem Augenblick, in dem der Hund das Spielzeug auslässt und noch bevor

Sie mit nicht zu kleinen Leckerchen, am besten mit industriell gefertigten, die immer die gleiche Form haben und so für den Hund leichter zu berechnen sind. Auch für das Ablegen auf der Nase sind die gekauften Leckerchen besser als zum Beispiel Hähnchenstücke. Wählen Sie eine Sorte von ungefährer Daumennagelgröße, mindestens auf einer Seite abgeflacht, und bleiben Sie zunächst dabei. Jede Leckerchenart fliegt anders und ein Wechsel während der Lernphase ist für die Hunde schwer. Ist Ihr Hund sehr verfressen, lassen Sie die Leckerchen ein paar Stunden offen liegen, damit der Duft etwas weniger verführerisch ist.

Lassen Sie Ihren Hund sitzen und umfassen Sie locker mit einer Hand von unten den Fang Ihres Hundes. Üben Sie dabei keinerlei Druck aus, krabbeln ihn leicht mit den Fingerspitzen und belohnen ihn mit einem Leckerchen. Diesen Griff um den Fang soll der Hund keinesfalls als Drohung oder Bestrafung missverstehen! Halten Sie ihn so und versuchen Sie, ein Leckerchen auf der Nase zu platzieren. Wahrscheinlich wird er versuchen, den Kopf hochzunehmen, um an das Leckerchen zu kommen.

Zu Anfang legen Sie das Leckerchen nur Sekundenbruchteile auf, ohne es loszulassen, und geben dem Hund dann das Leckerchen. Akzeptiert er das immer mehr, lassen Sie das Leckerchen ganz kurz los, loben ihn überschwänglich und geben ihm gute Leckerchen. Steigern Sie die Zeit langsam, in der der Hund das Leckerchen auf der Nase hält, bis Sie einige Sekunden schaffen. Beginnen Sie nun vorsichtig und ganz kurz die Schnauze loszulassen. Achten Sie darauf, dass der Hund nicht sofort das Leckerchen hochwirft oder von der Nase rutschen lässt.

Platzieren Sie das Leckerchen.

Anfangs nur kurz loslassen und rasch belohnen.

Hierbei ist höchste Selbstbeherrschung vonnöten. (Fotos: A. Maurer)

Trotz großer Entfernung immer noch völlig kontrolliert balancierend.

Auch das Hochschleudern erfordert einige Übung.

Das Leckerchen fest im Blick. (Fotos: A. Maurer)

Erlauben Sie es ihm aber anfangs schon nach einem kurzen Augenblick mit einem begeisterten „Schnapp's". Steigern Sie auch hier wieder die Zeit. Schleudert Ihr Hund das Leckerchen zwar hoch, kann es aber nicht fangen, üben Sie weiter, indem Sie ihm Leckerchen aus verschiedenen Winkeln zuwerfen. Die Einschätzung der Flugbahn der Leckerchen und das Fangen muss der Hund erst erlernen.

Um es noch schwieriger zu machen, können Sie später auch, während der Hund das Leckerchen balanciert, um ihn herumlaufen oder ihm den Rücken zudrehen.

Bedenken Sie, dass dieser Trick für den Hund wirklich höchste Selbstbeherrschung bedeutet. Üben Sie in kleinen Schritten, damit Sie zwar langsam, aber stetig vorankommen.

Schubladen und Schränke öffnen

Dies ist eine sehr schöne Übung aus dem Bereich für Behinderten-Begleithunde. Der Hund öffnet Schubladen und Schränke. Um zu verhindern, dass der Hund auf den Gedanken kommt, alle Schränke im Haus auszuräumen, kann man nur mit einem Schrank und unter ganz bestimmten Bedingungen arbeiten.

Nehmen Sie einen kurzen Strick, den Sie an den Griff des Schranks beziehungsweise der Schublade binden. Versichern Sie sich im Vorfeld, dass die Tür nicht mit einem Knall wieder zufällt, oder schaffen Sie Abhilfe mit einem kleinen Filzpad, das Sie an die Innenseite der Tür kleben. Der Hund sollte sich beim Arbei-

Border-Mix-Hündin Scully muss fest ziehen, um die Schublade zu öffnen.

Bedenken Sie aber, dass dies dem Hund auch Zugang zu Schränken verschaffen kann, die nicht für ihn bestimmt sind und die vielleicht Lebensmittel oder Putzmittel enthalten. Bei sehr neugierigen und experimentierfreudigen Hunden kann das lebensgefährlich sein. Für seine Sicherheit können Sie dann zwar bestimmte Schränke mit einer Kindersicherung wieder hundesicher machen, dies können Sie aber auch umgehen, indem Sie dem Hund nur beibringen, die Türen mithilfe des Stricks zu öffnen.

Fortgeschrittene können den Hund nach dem Öffnen auch Dinge aus dem Schrank apportieren lassen.

Ist das Prinzip erst verstanden, geht das Öffnen von Türen ganz leicht. (Fotos: T. Stens)

ten auf keinen Fall erschrecken. Mit dem Kommando „Nimm" und „Zieh" führen Sie den Hund an den am Schrank befestigten Strick heran. Belohnen Sie sofort, wenn sich die Tür oder Schublade nur wenige Millimeter bewegt. Schafft es der Hund, die Tür ganz zu öffnen, belohnen Sie ihn mit einem Jackpot. Arbeitet der Hund begeistert mit und hat schnell verstanden, dass es um das Öffnen der Türen oder Schubladen geht, können Sie als neues Kommando „Öffne" verwenden. Geben Sie das Kommando in der Anfangsphase immer, wenn der Hund zu seiner Aktion ansetzt.

Man kann diese Übung natürlich auch ohne den helfenden Strick durchführen und dem Hund beibringen, die Tür oder Schublade am Griff zu fassen und aufzuziehen. Voraussetzung dafür ist ein für den Hund gut fassbarer Knauf.

Tretmülleimer öffnen

Durch Drücken auf das Fußpedal öffnet der Hund den Mülleimer; eine Übung, bei der Sie vorher überlegen sollten, ob Sie sie dem Hund wirklich beibringen wollen. Hunde lieben die wertvollen Reste, die sich in Mülleimern befinden, und Ihnen beizubringen, wie man sie öffnet, kommt fast einer Einladung gleich. Dies können Sie umgehen, wenn Sie nur mit einem kleinen Kosmetikeimer, zum Beispiel aus dem Badezimmer, üben. Das Fußpedal sollte groß genug für die Hundepfote sein und der Eimer sollte sich schon bei leichtem Druck öffnen. Beschweren Sie den Eimer mit einem Stein oder einer Tüte Vogelsand. Wenn Sie mit der Übung beginnen, klemmen Sie sich den Eimer am besten zwischen die Füße, damit er nicht verrutscht.

Der Hund sollte das Kommando „Touch" schon gut beherrschen. Deuten Sie mit dem Finger auf das Fußpedal und geben Sie das Kommando „Touch". Berührt der Hund mit der Pfote das Pedal, belohnen Sie gleich. Bestätigen Sie anfangs das Berühren des Pedals, auch wenn sich der Deckel noch nicht merklich hebt. Berührt der Hund das Pedal zuverlässig, setzen Sie die Belohnung aus und warten, bis er fest genug drückt, um den Deckel leicht anzuheben. Bestätigen Sie den Hund dafür sogleich mit einem Jackpot. Erarbeiten Sie schrittweise das komplette Öffnen des Deckels.

Wenn Ihr Hund das Aufräumen schon gelernt hat, können Sie die beiden Dinge ideal miteinander verbinden und den Hund Papiermüll und Ähnliches selbst einräumen lassen.

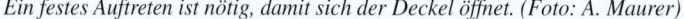

Ein festes Auftreten ist nötig, damit sich der Deckel öffnet. (Foto: A. Maurer)

Kopfschütteln auf Kommando

Auf ein Signalwort schüttelt der Hund den Kopf. Dieser Trick lässt sich gut in ein Frage-und-Ant-wort-Spiel einbauen. Wichtig ist, dass Sie ihn niemals mit fremden Hunden oder mit Hunden, deren Vorgeschichte Ihnen nicht bekannt ist, ein-üben. Aufgrund der Nähe Ihres Gesichtes zu dem des Hundes müssen Sie dem Hund sehr vertrauen und ihn gut einschätzen können und – was noch viel wichtiger ist – der Hund muss Ihnen vertrauen und wissen, dass Sie keinesfalls eine Bedrohung für ihn darstellen.

Beim Anpusten schüttelt Jonny sofort den Kopf. (Foto: A. Maurer)

Setzen Sie sich vor Ihren Hund und pusten ihm an den oberen inneren Ohrrand. Bitte nicht in das Ohr hineinpusten! Der Luftzug soll nur am Ohr kribbeln. Im Idealfall schüttelt der Hund kurz den Kopf. Belohnen Sie dieses Ver-halten sofort. Bei stehohrigen Hunden ist der Trick leichter zu trainieren als bei schlapp-ohrigen, da bei hängenden Ohren der Luftzug nicht die richtige Stelle am Ohr erreicht. Hier können Sie nur dann üben, wenn der Hund das Ohr nach hinten geklappt hat.

Wenn Sie nun pusten und der Hund schüttelt wie gewünscht den Kopf, haben Sie das Pro-blem, dass Sie nicht gleichzeitig pusten und das Kommando geben können, damit es sich dem Hund einprägt. Sinnvoll ist es also bei diesem Kommando, zuerst das Sichtzeichen auszu-bauen. Lustig ist ein Kopfschütteln des Men-schen als Sichtzeichen für den Hund. Gleich-zeitig den eigenen Kopf zu schütteln und zu pusten ist auch nicht allzu schwierig. Nach eini-gen Wiederholungen schütteln Sie nur den Kopf, ohne zu pusten. Schüttelt Ihr Hund auch den Kopf, hat er es schon verstanden und Sie können ohne Pusten fortfahren.

Weicht Ihr Hund beim Anpusten zurück oder zeigt Zeichen von Unwohlsein bei dieser Übung, verzichten Sie bitte darauf. Stattdessen können Sie das Schütteln des ganzen Körpers üben. Legen Sie Leckerchen bereit, wenn Sie mit dem Hund schwimmen gehen, und jedes Mal, wenn der Hund aus dem Wasser kommt und sich das Wasser aus dem Fell schüttelt, geben Sie das gewünschte Kommando und belohnen ihn dafür. Das funktioniert selbstver-ständlich auch nach einem Spaziergang im Regen und es ist eine wirkliche Arbeitserleich-

Rückwärts laufen

Rückwärtslaufen kann man in zwei verschiedene Arten unterteilen: mit dem Menschen zusammen bei Fuß rückwärts laufen und sich rückwärts vom Menschen wegbewegen. Die leichtere Variante ist das Rückwärtslaufen mit Ihnen zusammen.

Nehmen Sie ein Leckerchen, stellen sich breitbeinig, sodass der Hund dazwischenpasst, bequem hin und locken Sie den Hund von hinten zwischen Ihre Beine, sodass Sie beide in eine Richtung schauen können. Belohnen Sie, wenn der Hund zwischen Ihren Beinen steht. Nehmen Sie ein Leckerchen, lassen Sie den Hund daran riechen und „ziehen" Sie ihn mit dem Leckerchen nach hinten. Damit ist kein körperliches, wirkliches Ziehen gemeint, sondern Sie halten das Leckerchen so über seinen Kopf, dass er einen Schritt zurücktreten muss, wenn er das Leckerchen noch sehen will. Diesen ersten Schritt belohnen Sie sofort überschwänglich und geben ihm das Leckerchen.

Achten Sie darauf, dass der Hund sich nicht einfach setzt, statt einen Schritt zurückzugehen. In dem Fall belohnen Sie nicht. Ein sitzender Hund kann nicht rückwärts laufen. Versuchen Sie dann, das Leckerchen anders zu halten: nicht über den Kopf, sondern in Höhe seines Brustbeins unterhalb seiner Nase. So muss er auch hier wieder, um das Leckerchen sehen zu können, einen Schritt zurückgehen. Tut er das, belohnen Sie sofort wieder den ersten Schritt. Genauso gehen Sie auch vor, wenn der Hund sich auf die Hinterbeine aufrichtet, um so an das Leckerchen zu gelangen.

Einmal unter Signalkontrolle schüttelt der Hund den Kopf wie gewünscht. (Foto: A. Maurer)

terung, wenn der Hund sich vor der Haustür ausschüttelt und nicht erst im Hausflur. Das Kommando so aufzubauen dauert dann vielleicht länger, wichtig ist aber, dass der Hund sich nicht unwohl dabei fühlt.

Mit Leckerchen kann man die ungewöhnliche Bewegung schmackhaft machen.

Etwas weiter aufgerichtet wird die Übung gleich viel flüssiger. (Fotos: A. Maurer)

Bauen Sie das ganz langsam aus, immer einen Schritt mehr. Klappt das am Leckerchen „geführt" schon ganz gut, richten Sie sich langsam auf und nehmen das Leckerchen in die Hand vor die Brust.

Vergessen Sie nicht, auch die kleinen Zwischenschritte zu belohnen, damit Sie die Hilfen möglichst ohne Rückschritte abbauen können. Da es sehr schwierig ist, mit einem Hund zwischen den Beinen rückwärts zu laufen, und auch nicht sonderlich attraktiv aussieht, sollte das Ziel sein, dass der Hund an Ihrer Seite rückwärts geht. Geht Ihr Hund gewöhnlich links von Ihnen, wählen Sie für die Übung Ihre rechte Seite. Das hat den Vorteil, dass der Hund später weiß, was folgt, wenn Sie ihn an die rechte Seite nehmen.

Fangen Sie mit dem nächsten Teil der Übung erst an, wenn der vorherige schon gut geklappt hat. Als Hilfsmittel ist eine Mauer oder ein Zaun von Vorteil. Positionieren Sie den Hund zwischen sich und dem Zaun und geben Sie das Kommando für das Rückwärtslaufen. Im Idealfall wird der Hund tatsächlich einen Schritt rückwärts gehen. Belohnen Sie das umgehend. Im Normalfall wird dem Hund aber fehlen, dass Sie über ihm stehen. „Erinnern" Sie den Hund dann, indem Sie wie zu Beginn der Übung verfahren, nur dass diesmal der Hund an Ihrer Seite steht. Achten Sie darauf, dass der Hund nicht hinter Sie ausweicht und Sie ihm versehentlich auf die Pfoten treten, wenn Sie sich gemeinsam rückwärts bewegen. Der Zaun ist eine kleine Hilfe, um das gerade Rückwärtslaufen zu erlernen. Klappt es gut, versuchen Sie es ohne diese Hilfe.

Eine Variante ist noch das Rückwärtslaufen um den Halter. Hierbei läuft der Hund im Kreis rückwärts um Sie herum. Üben Sie das aber

Seitliches Rückwärtslaufen muss ganz gerade erfolgen, sonst besteht die Gefahr, über den Hund zu fallen. (Foto: A. Maurer)

nicht unmittelbar, nachdem Sie das gerade Rückwärtslaufen geübt haben, es würde den Hund unnötig verwirren und beide Tricks erschweren. Hierbei führen Sie den Hund rückwärts mit dem Leckerchen komplett um Sie herum. Wenn Ihnen der Leckerchenwechsel von einer Hand in die andere hinter dem Rücken schwerfällt, drehen Sie sich ruhig mit. Anfänglich belohnen Sie wieder die ersten Schritte rückwärts. Klappt es gut, belohnen Sie immer erst, nachdem der Hund die komplette Runde um Sie herum geschafft hat.

Die dritte Möglichkeit ist das Sich-rückwärts-von-Ihnen-Wegbewegen. Das erreichen Sie am besten durch Clickertraining oder durch wirklich sehr genaues Bestätigen am Anfang der Übung, am besten ist ein konditioniertes Lobwort. Wenn Ihr Hund erst mal einige Meter von Ihnen entfernt „arbeitet", ist ein sofortiges Bestätigen mit dem Leckerchen nicht mehr möglich. Bestätigen Sie auch jede noch so zögerliche Bewegung rückwärts. Man kann diese Bewegung zum Beispiel in einem engen Gang provozieren, wenn man sich auf den Hund zu bewegt. Der Hund darf sich jedoch in keinem Fall bedroht fühlen. Ein möglich auftretendes Problem hierbei ist, dass der Hund sich dann vielleicht nur noch rückwärts bewegt, wenn Sie sich auf ihn zu bewegen. So ist es ratsam, den vielleicht etwas längeren Weg zu wählen, als nachher sehr lange zu brauchen, um eine einmal eingeschlichene Verhaltensweise wieder abzutrainieren.

Geht Ihr Hund schon ein paar Schritte rückwärts, macht dabei aber immer einen Bogen zu einer Seite, können Sie mithilfe von zwei Besenstielen und Hockern oder Stühlen eine

Das Wegbewegen rückwärts baut man am besten mit dem Clicker auf. (Foto: A. Maurer)

„Gasse" bauen, in der er sich nur völlig gerade rückwärts bewegen kann.

Bei allen drei Varianten etablieren Sie das Kommando für die jeweilige Übung, indem Sie das von Ihnen gewünschte Signalwort in der ersten Rückwärtsbewegung verwenden.

Kriechen

Der Hund robbt dicht über dem Boden vorwärts. Das ist ein sehr niedlicher Trick, den Sie aber nur mit einem ausgewachsenen, gesunden Hund üben sollten. Hat Ihr Hund HD, ED, Arthrose oder Ähnliches, verzichten Sie bitte auf diesen Trick.

Legen Sie den Hund ins „Platz". Nehmen Sie ein schmackhaftes Leckerchen, lassen Sie den Hund daran riechen und halten es dicht über dem Boden gerade außerhalb der Reichweite der Hundenase. Schiebt er sich ein Stück vorwärts, um an das Leckerchen zu kommen, belohnen Sie ihn sofort damit.

Er muss am Anfang keine lange Strecke zurücklegen, sondern soll zunächst lernen, dass die robbende Vorwärtsbewegung zu einer schnellen Belohnung führt. Versucht der Hund

Halten Sie das Leckerchen nur knapp vor die Nase des Hundes. (Foto: A. Maurer)

aufzustehen, kann es sein, dass Sie das Leckerchen zu weit von ihm weghalten. Es sollte nur ganz knapp außerhalb seiner Reichweite sein. Als Hilfe können Sie auch einen niedrigen Durchgang errichten, indem Sie mehrere Stühle hintereinander stellen und die gleiche Übung unter den Stühlen durchführen, wo der Hund sich nicht aufrichten kann. Ist Ihr Hund so klein, dass er bequem unter den Stühlen durchlaufen kann, können Sie aus Kartons ein ähnliches Hilfsmittel bauen. Sobald Ihr Hund sich kriechend nach vorn bewegt, geben Sie das Kommando „Kriechen" hinzu. Wenn es gut klappt, üben Sie ohne Leckerchen in der Hand. Kriecht der Hund dann beim Kommando vorwärts, loben und belohnen Sie ihn überschwänglich.

Rückwärts kriechen

Das ist schon fast die Königsdisziplin. Einem Hund das Rückwärtskriechen beizubringen ist sehr schwer und nur wenige Hunde können es lernen. Ihr Hund sollte das Sich-rückwärts-Wegbewegen bereits beherrschen. Ausgangsposition ist auch hier wieder das „Platz". Als Hilfsmittel kann man sich wieder des Stuhltunnels bedienen, der über dem Hund steht. Geben Sie nun das Kommando für das Rückwärtslaufen. Der Hund wird durch die Stühle am Aufstehen gehindert, aber trotzdem versuchen, die Rückwärtsbewegung auszuführen. Bewegt er sich auch nur ein kleines Stück zurück, belohnen Sie das sofort. Bauen Sie diese Rückwärts-

bewegung zentimeterweise aus. Hat der Hund den Sinn der Übung verstanden und beginnt rückwärts zu kriechen, wählen Sie ein neues Kommando, das sich deutlich von Ihrem Signalwort für Rückwärtsgehen unterscheidet.

Wenn Sie viel Clicker-Erfahrung haben, können Sie auch versuchen, ohne Hilfsmittel das Verhalten frei aufzubauen. Das setzt ein sehr gutes Auge und gute Kenntnisse des eigenen Hundes voraus.

Die rechte Hand deckt die rechte Pfote ab.

Pfoten rechts und links überschlagen

Der Hund liegt im „Platz" und schlägt die Pfoten übereinander. Manche Hunde bieten diese Pfotenhaltung von sich aus an, dann können Sie dies bestätigen. Wenn der Hund dieses Verhalten im Alltag nicht zeigt, können Sie es ihm natürlich trotzdem beibringen. Dafür sollte er das Pfotengeben, und zwar rechts wie links, schon beherrschen. Knien oder setzen Sie sich vor Ihren Hund. Die Pfoten sind lang ausgestreckt und zeigen in Ihre Richtung. Sie beginnen mit der linken Pfote des Hundes.

Mit Ihrer rechten Hand bedecken Sie die rechte Pfote des Hundes. Nun legen Sie Ihren linken Arm weit über Ihren rechten Arm, Handfläche nach oben ausgestreckt, und fordern Ihren Hund auf, Ihnen die linke Pfote zu geben. Ihr Arm sollte so weit ausgestreckt sein, dass der Hund die Pfote im Prinzip wie gewohnt geben kann. Der einzige Unterschied ist, dass Sie dabei die Arme überkreuzen. Belohnen Sie das gut ausgeführte Kommando.

Bereitwillig gibt Dando die gewünschte Pfote.
(Fotos: A. Maurer)

Sobald der Hund sich an Ihre seltsame Haltung gewöhnt hat und problemlos die Pfote gibt, nehmen Sie Ihre linke Hand, auf welcher der Hund seine linke Pfote ablegt, zentimeterweise von Mal zu Mal weiter nach links. Der Hund kann nun also mit bloßem Pfotenausstrecken

Pfoten übereinanderzuschlagen wirkt sehr elegant. (Foto: A. Maurer)

nicht mehr Ihre Hand erreichen, sondern muss die Pfote über die andere legen, um das Kommando auszuführen. Wenn Sie Ihre Hand so weit zur Seite genommen haben, dass sie nun links von Ihrer rechten Hand ist, beginnen Sie langsam, diese Hand „auszuschleichen". Mit der rechten Hand bedecken Sie noch eine Weile die rechte Pfote Ihres Hundes, damit er nicht versucht diese zu geben. Halten Sie Ihre linke Hand ein paar Zentimeter seitlich von der rechten Pfote Ihres Hundes entfernt. Ermuntern Sie ihn wieder, die Pfote zu geben. Kurz bevor die Pfote Ihre Hand berührt, ziehen Sie die Hand weg. Nun liegt die linke Pfote über der rechten.

Loben Sie überschwänglich und belohnen Sie den Hund. Wiederholen Sie diesen Schritt, bis der Hund ohne Probleme eine Pfote über die andere legt, und belohnen Sie ihn reichlich dabei. Klappt das sicher, geben Sie das neue Kommando für diese Übung hinzu, zum Beispiel „Tap". Nun müssen Sie nur noch die zweite Hilfshand ausschleichen. Lassen Sie zuerst noch zwei Finger, dann einen auf der rechten Pfote liegen und üben Sie das Ganze ungefähr in beiden Positionen ein Dutzend Mal. Macht der Hund keine Anstalten, seine rechte Pfote zu benutzen, lassen Sie auch die zweite Hand weg. Nun hat der Hund gelernt, die linke Pfote über die rechte zu legen. Möchten Sie, dass er dies auch zur anderen Seite kann, müssen Sie es ebenso, nur seitenverkehrt aufbauen. Je nach Hund ist es aber leichter zu warten, bis die eine Seite sicher und in jeder Situation abrufbar ist, bevor man mit der anderen Seite beginnt.

Puppenwagen schieben

Der Hund schiebt einen Puppenwagen. Dieser Trick ist gar nicht so schwer zu erlernen und ermöglicht schöne Varianten. Beachten Sie bei diesem Trick, dass die Haltung für den Hund sehr anstrengend und für einen nicht ausgewachsenen Hund sowie für einen Hund mit einem nicht gesunden Bewegungsapparat ungeeignet ist.

Sie benötigen einen Puppenwagen, der möglichst stabil ist und über einen geraden, am besten höhenverstellbaren Schiebebügel verfügt. Geeignete Puppenwagen finden Sie auf dem Flohmarkt oder für wenig Geld auch bei Online-Auktionshäusern. Es gibt sie in den verschiedensten Größen, sodass Sie diesen Trick auch mit einem kleineren Hund erlernen können.

Lehnen Sie sich selbst mit ein wenig Gewicht auf den Schiebebügel, um zu überprüfen, wie standhaft der Wagen ist. Neigt der Wagen zum Kippen, beschweren Sie das Innere mit einem großen Stein oder zwei Tüten Vogelsand. Nun sichern Sie den Puppenwagen gegen Verrutschen. Lassen Sie den Hund ausgiebig den neuen Gegenstand beschnuppern und belohnen Sie nahen Kontakt ruhig schon mit Leckerchen. Der Hund soll dieses für ihn ungewohnte Ding als eine besonders angenehme Erfahrung kennenlernen. Positionieren Sie den Hund gerade hinter dem Schiebebügel und halten Sie ein Leckerchen außerhalb seiner Reichweite über den Bügel. Richtet der Hund sich auf, um an das Leckerchen zu kommen, und stützt sich dabei mit den Pfoten am Bügel ab, geben Sie sofort das Leckerchen. Bleibt der Hund so aufgerichtet stehen, füttern Sie ihm viele Leckerchen, sodass die aufgerichtete Position am Schiebebügel besonders erstrebenswert wird. Wiederholen Sie das mehrfach, bis der Hund freiwillig und gern seine Pfoten auf den Bügel stellt.

Mit Leckerchen wird der Hund in diese Position gelockt. (Foto: A. Maurer)

Bisher waren die Räder blockiert, nun muss der Hund die Erfahrung machen, dass der Wagen sich auch bewegt. Hierzu sorgen Sie bitte für einen nicht allzu glatten Untergrund wie etwa Teppichboden oder eine Rasenfläche, denn zu Anfang soll sich der Wagen nur sehr langsam fortbewegen. Zusätzlich sollten Sie den Wagen mit einer Hand gegen abruptes Vorrollen sichern. Gehen Sie wieder ganz vorsichtig vor, locken den Hund in die aufgerichtete Position mit den Vorderpfoten auf dem Schiebbügel. Sorgen Sie für eine ganz leichte, kontrollierte Vorwärtsbewegung des Puppenwagens und geben Sie dem Hund gleichzeitig gute Leckerchen. Fühlt er sich unwohl, gehen Sie wieder einen Schritt zurück.

Ein Hund, der das Aufräumen gelernt hat, kann auch Puppen in den Puppenwagen legen. (Fotos: A. Maurer)

Locken Sie den Hund mit einem Leckerchen in die Vorwärtsbewegung.

Wenn der Hund in der Vorwärtsbewegung mit dem Wagen ist, geben Sie das Kommando „Schieben" und belohnen Sie den Hund. Klappt dies gut, versuchen Sie zwei bis drei Schritte zurückzulegen und belohnen den Hund mit guten Leckerchen. Steigern Sie die Strecke langsam und bedenken Sie, dass diese Haltung für den Hund sehr anstrengend ist. Übertreiben Sie nicht mit dem Üben, sondern arbeiten Sie lieber in kleinen, kurzen Einheiten.

Wenn man den Trick nun weiter ausbauen möchte, ergeben sich zahlreiche Möglichkeiten. Man kann den Hund eine alte Puppe in den Puppenwagen legen lassen. Dies geht ohne Probleme, wenn Ihr Hund das Kommando „Aufräumen" bereits beherrscht. Kann er es noch nicht, bringen Sie ihm dies zuerst bei und üben dann mit der Puppe und dem Puppenwagen.

Dann können Sie den Hund noch das Verdeck des Puppenwagens schließen lassen. Hierzu sollte der Hund bereits das Kisteschließen beherrschen. Da Hunde jedoch sehr schlecht generalisieren, kann der Hund das Kommando nur selten auf Anhieb in der neuen Situation anwenden. Fangen Sie also wieder in ganz kleinen Schritten an. Ermuntern Sie den Hund, mit der Schnauze das Verdeck des Kinderwagens zu berühren. Am besten geht dies, wenn der Hund gerade hinter dem Puppenwagen steht, sodass durch eine leichte Vorwärtsbewegung nach oben das Verdeck geschlossen werden

So geht es auch: Verdeck ins Maul nehmen und nach oben ziehen. (Foto: A. Maurer)

kann. Berührt der Hund das Verdeck, belohnen Sie sofort. Sollte der Hund direkt so fest stupsen, dass sich das Verdeck ein Stückchen hebt, belohnen Sie mit einem Jackpot.

Dieser Trick ist mit allen Varianten schon sehr komplex. Erlauben Sie sich und Ihrem Hund ein langsames, gründliches Lernen. Was hier so kurz hintereinander beschrieben wird, ist nicht leicht zu erlernen. Werden Sie nicht ungeduldig und verlieren Sie vor allem nicht den Spaß.

Alternativ kann man auch einen kleinen Einkaufswagen schieben. Der Aufbau des Tricks funktioniert ebenso. Auch andere fahrbare Geräte wie zum Beispiel große Kindertrecker und andere „Autos" sind möglich. Achten Sie nur darauf, dass es keine scharfen Kanten hat und der Hund nirgendwo hängen bleiben und sich verletzen kann.

Zähne fletschen

Kommissar Rex, der Partner mit der kalten Schnauze, Lassie – alle konnten sie es: auf Kommando drohen. Hierbei sollten Sie das Clickertraining sehr gut beherrschen, denn eine punktgenaue Bestätigung ist sehr wichtig.

Eine amerikanische Filmhundetrainerin empfiehlt, die Lefzen des Hundes von Hand anzuheben, dann zu klicken und zu belohnen. In Kürze würde der Hund, kurz bevor man ihm selbst die Lefzen hochschiebt, dieses Verhalten zeigen und man könne ihn dann dafür bestätigen. Das ist sicher eine Möglichkeit, wobei es sehr schwierig werden kann, diese Hilfe wieder abzubauen.

In keinem Falle sollten Sie den Hund bestätigen, wenn er tatsächliches Drohverhalten zeigt. Sie loben damit nicht nur das Heben der Lefzen, sondern bestätigen den Hund in seinem gesamten derzeitigen Verhalten.

Versuchen Sie Folgendes: Nehmen Sie ein großes, festes Leckerchen und klemmen es zwischen Daumen und Zeigefinger. Halten Sie es dem Hund vor die Nase, sodass er es gut erreichen kann. Er wird versuchen, es zwischen Ihren Fingern herauszuknabbern, dabei ziehen die meisten Hunde ganz automatisch die Lefzen leicht zurück. Das ist der Punkt, den Sie „herausschleifen" müssen. Klicken Sie und geben dem Hund sofort das Leckerchen, das Sie zwischen den Fingern haben. Üben Sie dann mit einem neuen Leckerchen weiter. Es kann und wird eine ganze Weile dauern, bis der Hund es schafft, das zu verknüpfen und es dann auch noch auf Verlangen zu zeigen. Die Mühe lohnt sich aber und man kann die Dauer des Drohens auch ganz langsam steigern.

Es gibt auch Hunde, die zeigen dieses Zähnefletschen bei extremen Gerüchen wie Zigarettenrauch, Essig oder Reinigungsmittel. Bitte verzichten Sie auf solche Hilfsmittel. Es ist nicht angenehm für den Hund.

Hier ist die Handhaltung vom Halten des Leckerchens zum Sichtzeichen für das Kommando „Böse" geworden. (Foto: A. Maurer)

Niesen

Der Hund niest auf Kommando. Dieser Trick ist etwas schwer zu erlernen. Er setzt voraus, dass Sie entweder klickern oder Ihren Hund sehr punktgenau loben können, denn es ist ein Verhalten, das Sie nur bestätigen können, wenn der Hund es zufällig anbietet. Überlegen Sie, ob es Situationen gibt, bei denen Ihr Hund niest. Oft ist das der Fall, wenn Hunde nach dem Schwimmen aus dem Wasser kommen. Bei diesen Situationen können Sie dann den Clicker bereithalten und das Verhalten bestätigen. Anfangs wird Ihr Hund wahrscheinlich nicht verstehen, wofür es nun das Leckerchen gab. Bedenken Sie auch, dass bei einem solchen Verhalten, das Sie nur sehr unregelmäßig und selten bestätigen können, es viel länger dauert, bis der Hund es auf Kommando zeigen kann. Trotzdem kann man es immer wieder üben. Es sind ja keine langen Übungseinheiten, sondern nur einzelne Aktionen, die Sie dabei belohnen können. Auch hier gilt wieder, provozieren Sie bitte den Niesreiz nicht durch für den Hund unangenehme Gerüche.

Kratzen

Der Hund kratzt sich auf Kommando. Für diesen Trick kann man ein Kommando wie „Flöhe" oder „Juckt's" verwenden. Sie können zum einen das Verhalten des Hundes frei formen, wenn er sich gelegentlich kratzt. Bestätigen Sie ihn dann in seinem Verhalten. Bietet er

dieses sogleich wieder an und kratzt sich weiter, geben Sie Ihr gewähltes Kommando und belohnen Sie ihn.

Wenn Sie nicht abwarten wollen, bis Ihr Hund das Verhalten von allein anbietet, versuchen Sie Folgendes: Viele Hunde kratzen sich genüsslich mit, wenn man sie an der Halsseite bis zur Schulter kratzt. Geben Sie dann Ihr Kommando, die Belohnung und wiederholen Sie das Ganze mehrfach, wenn Ihr Hund Gefallen daran findet.

Buchstabieren

Der Hund buchstabiert seinen Namen oder andere Worte. Dies ist wohl der Trick, der beim Laien das meiste Erstaunen hervorrufen wird. Sie können hierbei verschiedene Hilfsmittel benutzen. Die einfachste Möglichkeit ist es, Kaffeedosen von Instantkaffee zu sammeln und diese mit den gewünschten Buchstaben zu bekleben oder zu bemalen. Durch den Plastikdeckel ziehen Sie ein Stück Kordel oder Geschenkband, an dem der Hund die Dose gut fassen kann. Dann kommt der wichtigste Part: die Präparierung der Dosen mit unterschiedlichen Geruchsstoffen. Die einfachste Möglichkeit sind Teebeutel. In jede Dose geben Sie einen Teebeutel einer anderen Geschmacksrichtung. Durch das schon vorhandene Loch, durch das die Kordel verläuft, gibt der Teebeutelinhalt für den Hund genug Gerüche nach außen ab, um sich von den anderen zu unterscheiden.

Beginnen Sie mit einem kurzen Wort, wie zum Beispiel Hallo. Hierfür benötigen Sie also fünf Dosen, mit den unterschiedlichen Buchstaben beklebt, sowie fünf unterschiedliche Teesorten. Alternativ können Sie auch Gewürze oder andere geruchsintensive Dinge nutzen. Der Hund sollte das Kommando „Bring" schon beherrschen. Sie beginnen mit der Dose mit dem Buchstaben H, legen sie auf den Boden und ermuntern den Hund, sie zu beschnuppern, aufzunehmen und zu Ihnen zu bringen. Klappt das ohne Probleme, bekommt die Dose einen Namen. Nun könnten Sie sagen: „Bring mir das H". Besser wäre es allerdings zu sagen: „Bring mit den Ersten (Buchstaben)".

Bei späteren Vorführungen ist es umso beeindruckender, wenn Sie zum Beispiel den Namen Ihres Hundes in den einzelnen Buchstaben auf die Dosen geklebt haben. Sie können ihn dann bitten, Ihnen den ersten Buchstaben seines Namens zu bringen, dann den zweiten und so weiter. Und schon haben Sie in den Augen der Zuschauer nicht nur einen Hund, der Buchstaben unterscheiden, sondern einen, der seinen Namen buchstabieren kann. Da Ihr Hund nicht nach der Aufschrift die richtige Dose heraussucht, sondern nach dem jeweiligen Geruch, können Sie durch Austauschen der aufgeklebten Buchstaben die verschiedensten Wörter buchstabieren lassen.

Lassen Sie also den Hund häufig den ersten Buchstaben bringen, ohne vorerst eine zweite Dose ins Spiel zu bringen. Um zu sehen, ob der Hund mit „Ersten" schon die Dose verbindet, legen Sie einen Ball oder ein anderes Spielzeug und die Dose auf den Boden und schicken den Hund, den „Ersten" zu holen. Klappt dies, können Sie den Zweiten (Buchstaben) hinzunehmen.

Scully entscheidet sich schnell für die richtige Dose und somit auch für den richtigen Buchstaben. (Fotos: A. Maurer)

Sie stellen die Dose „Zweiten" allein hin und lassen Sie sich bringen. Klappt es nach vielen Wiederholungen sicher, nehmen Sie wieder einen anderen Gegenstand mit hinzu, vielleicht wieder den Ball, mit dem Sie beim „Ersten" schon geübt haben. Es werden hierfür wirklich viele Wiederholungen nötig sein, gerade wenn

Sie noch nie zuvor Nasenarbeit mit Ihrem Hund gemacht haben. Klappt es sicher in 18 von 20 Versuchen, ist es Zeit, den Ersten und den Zweiten zusammen hinzustellen. Gehen Sie langsam vor und lassen sich entweder vorerst nur den einen oder den anderen bringen. Wechseln Sie noch nicht, sondern gehen Sie kleine Schritte. Wenn auch hier wieder der Hund recht sicher 18 von 20 Versuchen richtig herausfindet, dann lassen Sie sich von dem Hund den anderen bringen. Erst wenn der Hund ganz sicher ist, können Sie beginnen, einen dritten Buchstaben mit hinzuzunehmen.

Immer erst, wenn der Hund den richtigen Buchstaben ohne Schwierigkeiten findet und die Buchstabendosen sicher unterscheiden kann, können Sie die nächste Dose hinzunehmen. Bis Sie bei fünf Buchstaben angekommen sind, werden einige Monate ins Land gegangen sein. Doch die Mühe lohnt sich für einen wirklich spektakulären Trick.

Durch den Reifen zu gehen ist für Ronja eine leichte Übung.

Durch den Reifen springen

Der Hund springt durch einen Reifen, der klassische Zirkustrick schlechthin. Nehmen Sie einen alten Hula-Hoop-Reifen oder formen Sie ein Stück Gartenschlauch, angepasst an die Größe Ihres Hundes, zu einem Reifen. Stellen Sie den Reifen auf dem Boden ab, halten ihn aufrecht und machen erst einmal Ihren Hund damit vertraut. Locken Sie den Hund mit einem Leckerchen durch den Reifen. Belohnen Sie ihn, wenn er ohne Angst und Scheu den Reifen passiert. Ist Ihr Hund sehr ängstlich, legen Sie

Obwohl der Reifen ganz dicht über dem Boden ist, springen manche Hunde einfach gern hoch. (Fotos: A. Maurer)

den Reifen zunächst auf den Boden und machen ihn im wahrsten Sinne des Wortes schmackhaft. Beginnen Sie dann damit, den Reifen langsam aufzurichten und den Hund für das Näherkommen zu belohnen. Geht der Hund dann durch den Reifen, geben Sie ihm einen Jackpot.

Hat der Hund gelernt, durch den Reifen zu gehen, halten Sie den Reifen ein Stück vom Boden weg, bei kleinen kurzbeinigen Hunden weniger als bei großen Hunden. Locken Sie auch hier wieder den Hund mit einem Leckerchen durch den Reifen. Wenn der Hund springen muss, um hindurchzugelangen, wird manch einer versuchen, durch das Herumlaufen um den Reifen an das Leckerchen zu kommen. Seien Sie schneller und drehen sich mit dem Reifen wieder vor den Hund und locken ihn

erneut hindurch. Halten Sie den Reifen ruhig wieder etwas niedriger, bis der Hund problemlos durch den Reifen springt. Sagen Sie im Ansatz des Sprungs „Spring", um das Kommando einzuführen.

Hat Ihr Hund das Springen gelernt, können Sie mit dem Ausbau zu der spektakulären Variante beginnen: der Sprung durch den geschlossenen Reifen. Nehmen Sie eine alte Zeitung und schneiden oder reißen Sie sie in etwa zehn Zentimeter breite Streifen. Haben Sie einen sehr skeptischen Hund, kleben Sie zunächst nur einen Streifen oben an den Hula-Hoop-Reifen und wiederholen Sie das bereits beherrschte Durchspringen. Klappt das gut, fügen Sie nach und nach mehr Streifen hinzu, bis ein Vorhang aus Zeitungsstreifen entsteht, den der Hund durchqueren muss.

Langsam aufgebaut zeigt der Hund keine Unsicherheiten. (Foto: A. Maurer)

Kleinen Hunden fällt der Sprung durch die Arme ganz leicht, aber auch mit mittelgroßen Hunden ist das möglich. (Foto: A. Maurer)

Lassen Sie ihn langsam hindurchgehen und achten Sie darauf, dass ihm das Zerreißen des Papiers keine Angst bereitet. Üben Sie das viele Male, bevor Sie zum nächsten Schritt, dem Springen durch das Papier, übergehen. Wenn Sie planen, das Ganze bei Shows einzusetzen und es dort nicht mit Zeitungspapier, sondern etwas ansprechenderem Geschenkpapier oder Seidenpapier zu zeigen, bedenken Sie, dass Sie auch das vorher üben müssen. Es gibt Menschen und Hunde, die zeigen diesen Trick, ohne das Papier vorher einzuschneiden. Ich persönlich würde immer dazu raten, mindestens einen Schnitt vorzugeben. Für das Publikum – wenn überhaupt – kaum zu erkennen, erleichtert es Ihrem Hund die Übung enorm.

Eine Variante des Sprungs durch den Reifen ist der Sprung durch die Arme, die einen Kreis bilden. Dies sieht man häufig beim Dogdance.

Wenn der Hund das Kommando „Spring" schon verstanden hat, kann man versuchen, das Springen durch die Arme ohne Hilfsperson aufzubauen. Sonst ist es leichter einen Helfer zu haben, der den Hund durch die Arme lockt und auch gleich bestätigen kann.

Für den nächsten Schritt kleben Sie Zeitungsseiten vor den gesamten Reifen. Um dem Hund den Einstieg in den nächsten Schwierigkeitsgrad zu erleichtern, schneiden Sie nun mit einem Teppichmesser lange Schnitte in das Papier. Greifen Sie mit der Hand und einem Leckerchen hindurch und zeigen dem Hund, dass es hier tatsächlich einen Durchgang gibt.

Halte den Dieb

Das kennt man aus dem Fernsehen: Der Hund hält den flüchtenden Dieb am Hosenbein fest. Wichtig ist, dass Sie bei diesem Trick immer eine alte Jeanshose anhaben. Leinen und dünne Baumwollhosen reißen sehr leicht durch Hundezähne und selbst bei einer Jeans besteht diese Gefahr. Die Hose sollte nicht zu eng anliegend

Die meisten Hunde zerren gern. (Foto: A. Maurer)

sein, damit der Hund sie gut fassen kann. Zeigen Sie diesen Trick nie mit Hilfspersonen, die den Hund nicht kennen, nicht wissen, worum es geht, oder die an ihren Hosen hängen. Ihre Absicht und die des Hundes könnten komplett falsch verstanden werden, und zu keinem Zeitpunkt sollte sich jemand tätlich von Ihrem Hund angegriffen fühlen.

Nehmen Sie ein altes Geschirrtuch aus festem Stoff und lassen Sie Ihren Hund daran zerren. Kennt er das Kommando „Zieh" bereits, können Sie dies nutzen. Ziehen und zerren ist selbstbelohnend. Achten Sie aus diesem Grund darauf, dass der Hund auf das Kommando „Aus" auch sofort auslässt. Macht er das gut, ermuntern Sie ihn mit dem Kommando „Dieb" und dem schnell hin und her flüchtenden Handtuch zu einem neuen Zerrspiel. Geht Ihr Hund auf dieses Kommando immer ein und lässt auch zum gewünschten Zeitpunkt wieder aus, gehen Sie einen Schritt weiter und knoten das Geschirrtuch um Ihr Fußgelenk.

Knoten Sie es so, dass Sie ein möglichst langes Ende haben, an dem der Hund ziehen kann. Es kann sein, dass der Hund nun etwas zögert, zum einen, weil er vielleicht schon als junger Hund gelernt hat, dass man an Menschen nicht herumzerrt, oder zum anderen, weil er vielleicht schlechte Erfahrungen gemacht hat und schon mal getreten wurde. Beginnen Sie dann wieder in kleinen Schritten und motivieren Sie Ihren Hund übermütig. Nimmt er das Tuch ins Maul und zieht, belohnen Sie sofort, auch wenn das Ziehen erst etwas zögerlich war. Gelingt es immer besser, verkürzen Sie das Ende, sodass der Hund zum Ziehen an dem Tuch immer

Ist das Tuch fest um den Knöchel geknotet, braucht man einen festen Stand. (Foto: A. Maurer)

näher an Ihr Bein heranmuss. Verkleinern Sie das Tuch immer mehr und versuchen Sie, ob Ihr Hund auch ersatzweise die Hose fasst. Tut er es, belohnen Sie ihn sofort. Nehmen Sie dann das Geschirrtuch ab und versuchen Sie, ob es auch ohne klappt. Ist das nicht der Fall, schneiden Sie ein kleines Stück vom Tuch ab und nähen es mit wenigen Stichen am Hosenbein fest. Nehmen Sie keine Sicherheitsnadeln – die Verletzungsgefahr für den Hund ist zu groß.

Ermuntern Sie dann den Hund wieder zum Ziehen und belohnen Sie großzügig, wenn er darauf eingeht.

Der nächste Schritt ist, dass der Hund nicht bei Ihnen, sondern einem Helfer am Hosenbein zieht. Stellen Sie sich unmittelbar neben den Helfer, zeigen Sie auf das Hosenbein und geben Sie das Kommando „Dieb". Stürzt sich Ihr

„Halte den Dieb!" (Foto: T. Stens)

Hund nun voller Tatendrang auf Ihr Hosenbein, nehmen Sie es ihm nicht übel. Er hat es noch nicht generalisiert und muss erst lernen, dass das Kommando auch an anderen Hosenbeinen gilt. Darum bestätigen Sie ihn sofort auch für den kleinsten Ansatz.

Bitte missbrauchen Sie solche Kommandos niemals, um jemandem Angst oder einen Schrecken einzujagen. Es ist nicht nur nicht lustig, sondern kann Ihren Hund in Gefahr und Sie in ernsthafte Schwierigkeiten bringen.

Auf den Arm springen

Mit kleinem Anlauf springt der Hund auf den Arm seines Menschen. Der Trick ist sicherlich nicht für jeden Hund oder jeden Halter zu emp- fehlen. Wenn Sie einen Bernhardiner oder eine Dogge besitzen, nehmen Sie lieber Abstand von diesem Trick, ebenso wenn Sie oder Ihr Hund ein körperliches Gebrechen haben. Für die ers- ten Übungen sollten Sie in jedem Fall eine lange Hose und ein langärmeliges Shirt tragen, da der Hund Sie unbeabsichtigt kratzen könnte. Hun- dekrallen können sehr schmerzhaft sein.

Beginnen Sie auf einem Hocker oder Stuhl sitzend mit dem Hund an Ihrer Seite. Ermun- tern Sie den Hund, auf Ihren Schoß zu springen. Beherrscht Ihr Hund das Kommando „Auf" schon, nutzen Sie dies. Zögert der Hund, locken Sie ihn mit Leckerchen und bauen das „Auf" nochmals auf, wie bei den Grundkommandos beschrieben. Klappt es gut und der Hund springt auf Kommando auf Ihren Schoß, wählen Sie einen höheren Stuhl – ein Barhocker ist gut geeignet – oder setzen Sie sich auf einen Tisch.

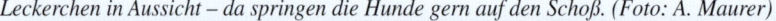

Leckerchen in Aussicht – da springen die Hunde gern auf den Schoß. (Foto: A. Maurer)

Mit einem „Auf" lassen Sie den Hund wieder aufspringen. Achten Sie darauf, dass der Hund wirklich von der Seite springt, sodass Sie ihn mit dem einen Arm vor seiner Brust abfangen können und ihn gleichzeitig mit dem anderen Arm von hinten oder unter dem Bauch, je nach Größe des Hundes, umfassen können. Es ist wichtig, dies noch in sitzender Position zu üben, weil Sie den Hund im nächsten Schritt tatsächlich so fangen müssen. Für den nächsten Schritt lehnen Sie sich am besten in halbsitzender Position gegen eine Wand, den Oberkörper gerade aufgerichtet. Lassen Sie den Hund erst springen, wenn Sie sich sicher genug fühlen, ihn auch zu fangen. Zeigen Sie oder Ihr Hund noch Unsicherheiten, üben Sie zuerst die anderen Schritte so lange, bis Sie sich ganz sicher sind.

Wenn Sie einen sehr kleinen Hund haben, für den der Sprung auf den Arm eines stehenden erwachsenen Menschen zu hoch ist, knien Sie sich einfach hin. Das ist dem Hund angepasst und sieht trotzdem noch toll aus.

Leicht in der Hocke stehend, muss der Hund schon eine größere Höhe überwinden.

Auf dem Ball balancieren

Fast zirkusreif balanciert der Hund auf dem Ball. Mittlerweile gibt es bei fast jedem Discounter große Gymnastik-Sitzbälle zu kaufen, meist in drei verschiedenen Größen und zu günstigem Preis. Diese Bälle sind hervorragend geeignet. Wählen Sie eine Größe passend zu Ihrem Hund. Wenn Sie einen sehr schweren oder schwerfälligen Hund haben oder einen Hund, der zu Trittunsicherheiten

Ronja stößt sich am Oberschenkel ab, um auf den Arm zu springen. (Fotos: A. Maurer)

Benda fühlt sich auf dem Ball ganz wohl. (Foto: T. Stens)

neigt, verzichten Sie bitte auf dieses Kunststück. Die Übung erfordert viel Gleichgewichtsinn, Mut und Vertrauen in Sie.

Pumpen Sie den Ball straff auf und lassen Sie den Hund dieses ungewöhnliche Ding ausreichend kennenlernen und beschnuppern. Rollen Sie den Ball dabei ruhig leicht hin und her. Nun fixieren Sie den Ball. Dazu können Sie ihn fest zwischen die Beine klemmen oder – und das ist gerade bei größeren Hunden ratsam – Sie bitten eine zweite Person, den Ball gut festzuhalten. Der Ball darf in keinem Fall verrutschen oder gar wegrollen.

Selbst wenn Ihr Hund das Kommando „Auf" schon beherrscht, lassen Sie ihn nicht gleich auf den Ball springen. Die besondere Form und die kleine und ungerade Standfläche erfordern ein langsames Herantasten. Locken Sie den Hund mithilfe eines Leckerchens mit den Vorderbeinen auf den Ball. Geben Sie ihm in dieser aufrechten Position am Ball ruhig einige Leckerchen. Wenn Ihr Hund keinerlei Berührungsängste mit dem Ball zeigt, stellen Sie sich nahe an den Ball. Am besten geht dies, wenn Sie den Ball zusätzlich fixierend zwischen Ihre Beine klemmen. Nehmen Sie den Hund an die Seite und lassen ihn von dort mit dem Kommando „Auf" aufspringen.

Wichtig ist, dass Sie den Hund gut abfangen. Mit dem einen Arm umfassen Sie den Brustkorb, mit dem anderen den Hinterkörper. Halten Sie ihn gut fest und geben Sie ihm die

Möglichkeit, sich erst einmal auf dem Ball zurechtzufinden. Hat er sich ausbalanciert, halten Sie ihn trotzdem gut fest und belohnen ihn zusätzlich mit Leckerchen. Dann lassen Sie ihn hinunterspringen. Bis Ihr Hund sicher und ohne Ihre Hilfe auf dem Ball stehen kann, wird eine sehr lange Zeit vergehen. Geben Sie ihrem Hund diese Zeit, denn das Gleichgewicht zu halten und sich auszubalancieren ist eine sehr schwere Übung für Ihren Hund. Oft fällt es kleinen, agilen Hunden wesentlich leichter als etwas größeren Hunden.

Wenn Sie einen sehr talentierten Hund haben, können Sie nach einigen Wochen beginnen, den Ball leicht hin- und herzubewegen. Achten Sie darauf, dies auf einem weichen, ebenen Untergrund zu tun, am besten auf einer Wiese, um die Verletzungsgefahr zu verringern. Die Schwierigkeit beim Laufen auf dem Ball liegt darin, dass der Hund rückwärts laufen muss, damit der Ball vorwärts rollt. Unterschätzen Sie die Schwierigkeit des Kunststücks nicht und gehen Sie nur ganz langsam vor.

Eine für manche Hunde etwas einfachere Variante ist es, wenn man anstelle des Balls eine Rolle zum Balancieren und Laufen nimmt. Für kleine Hunde kann man hier zum Beispiel ein Stück der Rolle eines Teppichkerns nehmen, für größere gibt es die Möglichkeit, Futtertonnen mit altem Teppich zu umkleben. Der Aufbau ist gleich und sollte ebenso langsam erfolgen.

Der Ball muss gut fixiert sein, damit er beim Aufspringen des Hundes nicht verrutscht.

Männchen

Einfach und niedlich: Der Hund sitzt aufrecht auf seinen Hinterbeinen. Aus dem „Sitz" heraus locken Sie den Hund mit einem Leckerchen in eine aufrechte Position. Geben Sie am Anfang zur Bestätigung das Leckerchen ruhig, sobald sich die Vorderpfoten in die Luft erheben.

Geben Sie dazu Ihr gewünschtes Kommando, zum Beispiel „Männchen". Bauen Sie das langsam auf, bis der Hund sicher ausbalanciert auf

So entspannt sollte der Hund sein, bevor Sie den nächsten Schritt wagen. (Fotos: T. Stens)

Hund ein absolut sicheres „Männchen" machen kann, versuchen Sie einmal dies mit dem Kommando „Schäm dich" zu kombinieren. Das erfordert eine hohe Kombinationsgabe und einen Hund, der in der Lage ist, sehr sicher auszubalancieren.

Mit den Pfötchen das Gesicht putzen – fast ein Waschbär. (Fotos: A. Maurer)

Großpudel Mona kann ein perfektes Männchen.

seinen Hinterpfoten sitzt. Ist Ihr Hund sehr unruhig und versucht immer nach dem Leckerchen zu springen, verwenden Sie ein Leckerchen, das etwas weniger attraktiv ist, oder versuchen Sie den Aufbau des Kommandos mit dem normalen Trockenfutter des Hundes.

Eine absolut niedliche Variante ist der „Waschbär". Hierbei macht der Hund „Männchen" und gleichzeitig „Schäm dich". Das sieht aus wie ein sich putzender Waschbär. Wenn Ihr

Frauchen

Dem Männchen sehr ähnlich steht auch hier der Hund mit dem Oberkörper aufrecht Allerdings sitzt der Hund hierbei nicht auf seinen Hinterpfoten, sondern steht aufrecht. Nehmen Sie ein

Die Großpudelhündin Chalada kann schon ein „Frauchen" mithilfe von Frauchen. (Foto: A. Maurer)

Leckerchen und halten es so über die Hundenase, dass der Hund ganz knapp nicht heranreicht. Das Leckerchen sollte so attraktiv sein, dass er sich danach streckt. Sobald er sich auf die Hinterpfoten stellt, auch wenn das nur ganz kurz ist, bestätigen Sie ihn sofort mit dem Leckerchen und sagen Ihr gewünschtes Kommando, zum Beispiel „Frauchen".

Eine sehr schöne, aber auch schwere Variante ist das Laufen auf zwei Beinen oder das Tanzen, ein Drehen auf zwei Beinen. Damit können Sie beginnen, wenn Ihr Hund ein sicheres „Frauchen" kann. Locken Sie den Hund mit einem attraktiven Leckerchen in eine Vorwärtsbewegung. Dies ist für die Hunde recht schwer. Neigt Ihr Hund wie zum Beispiel ein Dackel zu Rückenproblemen, verzichten Sie bitte ganz auf diesen Trick.

Spanischer Schritt

Der Hund hebt in der Vorwärtsbewegung die Vorderpfoten hoch an und setzt sie gestreckt nach vorn auf. Diese Übung kommt eigentlich aus dem Reitsport, sieht aber auch toll bei Hunden aus. Sie ist besonders bei hochbeinigen, großen, schlanken Rassen, aber auch bei kleinen Hunden im Dogdance sehr beliebt.

Um dies dem Hund beizubringen, können Sie zwei verschiedene Wege wählen. Eine Möglichkeit ist, die Übung aus dem Pfotegeben abzuwandeln. Hierfür sollte Ihr Hund schon die Pfote rechts und links geben können. Kann Ihr Hund hierbei noch nicht beide Pfoten unterscheiden, müssen Sie ihm dies zunächst beibringen. Das ist recht einfach: Lassen Sie sich von Ihrem Hund die Pfote geben. Gibt er Ihnen immer die gleiche? Gibt er Ihnen eventuell die andere Pfote, wenn Sie ihm die andere Hand hinstrecken? Ist das der Fall, nehmen Sie für die andere Pfote ein anderes Kommando. Gibt der Hund Ihnen die falsche Pfote, gibt es dafür auch keine Belohnung, aber einen nächsten Versuch, um sich eine zu verdienen. Üben Sie zu Anfang noch nicht im Wechsel, sondern erst konsequent die eine, dann die andere Pfote. Klappt das gut, lassen Sie sich ein paar Mal die eine Pfote geben und geben dann das Kommando für die andere Pfote. Gibt Ihnen Ihr Hund, ohne zu zögern, die richtige Pfote? Dann hat er es verstanden. Ist er noch unsicher, üben Sie weiter und bauen es einfach mit in Ihren Tag ein. Pfötchengeben kann man schön eine halbe Minute zwischendurch üben.

Lassen Sie Ihren Hund stehen und sich abwechselnd die Pfoten geben. Bevor die Pfote jedoch Ihre Hand berührt, ziehen Sie Ihre Hand schnell weg und geben das gewählte Kommando, zum Beispiel „Olé" und „Ola". Achten Sie darauf, dass Ihr Hund dabei stehen bleibt und sich nicht hinsetzt. Es ist ein mühevoller Schritt, dem Hund das Gleiche noch mal im Stehen beizubringen, den man sich ersparen kann. Klappt es im Stehen bereits gut, müssen Sie nun noch die Vorwärtsbewegung hinzubekommen. Nehmen Sie hierzu ein Leckerchen, zeigen es dem Hund und verschließen es dann fest in Ihre Hand.

Halten Sie es ungefähr auf Nasenhöhe, etwa eine Hundeschrittlänge vor Ihren Hund, und geben Sie ihm das Kommando für den Spanischen Schritt. Hebt er die erste Pfote an und ist damit am höchsten Punkt angekommen, öffnen Sie die Hand mit dem Leckerchen. Er wird die

Für die ausgestreckte Pfote bei der Vorwärtsbewegung gibt es gleich ein Leckerchen.

Pfote nach unten und auch nach vorn bewegen, um an das Leckerchen zu gelangen. Üben Sie das abwechselnd mit beiden Pfoten.

Es wird eine Weile dauern, bis Sie dazu übergehen können, jeden zweiten Schritt zu bestätigen, dann jeden dritten und so weiter. Klappt es drei bis vier Schritte hintereinander gut, beugen Sie sich nicht mehr ganz so weit hinunter. Nehmen Sie vorerst noch das Leckerchen in die Hand, wenn Sie den Hund aber bestätigen, geben Sie ein Leckerchen aus der anderen Hand. So verhindern Sie, dass der Hund an der Hand „klebt", und können es immer weiter ausschleichen. Stellen Sie sich halbschräg und üben aus dieser Position, denn wenn Sie später einmal Seite an Seite zusammen den Spanischen Schritt zeigen wollen, muss der Hund lernen, den Schritt auch zu beherrschen, wenn Sie nicht rückwärts vor ihm hergehen.

Eine andere Möglichkeit ist, die Übung mithilfe des Targetstabs aufzubauen. Ihr Hund sollte hierfür schon gelernt haben, den Targetstab mit der Pfote zu berühren. Der Vorteil des Targetstabs ist, dass man gleich aufrecht und neben dem Hund stehend beginnen kann. Fordern Sie den Hund mit „Touch" und dem Kommando für die jeweilige Pfote auf, den Targetstab zu berühren. Halten Sie den Stab dabei so, dass sich der Touchpunkt etwas über Kniehöhe des Hundes und eine gute halbe Hundeschrittlänge vor ihm befindet. Belohnen Sie die Ausführung und schließen sofort die andere Seite an. Was am Anfang noch sehr steif und staksig wirkt, braucht wirklich eine lange Zeit des Übens, bis daraus ein flüssiger Bewegungsablauf entsteht. Die Mühe lohnt sich aber, da es ein beeindruckender Trick ist.

Rechts und links im Wechsel ergeben einen schönen Spanischen Schritt. (Fotos: A. Maurer)

Flaschen einräumen

Der Hund sortiert Leergut in den dafür vorgesehenen Kasten. Ein sehr nützlicher Trick, den man im Alltag auch gut mit einbauen kann. Hierfür sollte Ihr Hund das Aufräumen bereits beherrschen.

Sie brauchen einen Kasten und einige leere PET-Flaschen, die dort hineinpassen. Wählen Sie die Flaschen je nach Größe Ihres Hundes aus. Damit die Flaschen leichter einzusortieren sind und mit dem Boden voran in den Kasten rutschen, kann man sie zuvor etwas präparieren. Hierzu eignet sich durchsichtiges Kerzengel aus dem Bastelladen hervorragend. Dadurch kann man die Flasche am Boden beschweren, sie sieht aber nach wie vor leer aus. Gießen Sie das noch flüssige, aber bereits leicht abgekühlte Kerzengel vorsichtig in die Flaschen. Vorsicht, besonders dünnwandige Flaschen sind hierfür eventuell nicht geeignet!

Machen Sie Ihren Hund zuerst mit einer Flasche vertraut. Lassen Sie ihn die Flasche vom Boden aufheben oder geben Sie sie ihm mit einem „Nimm" ins Maul. Achten Sie darauf, dass er die Flasche nicht zerbeißt. Die Plastiksplitter könnten ihn im Maul verletzen oder, wenn er sie verschluckt, zu schlimmen Darmperforierungen führen. Ermuntern Sie ihn mit „Räum auf" oder dem Kommando, das Sie für das Aufräumen gewählt haben, die Flaschen in den Kasten zu räumen.

Da Hunde solche Dinge selten schnell generalisieren, kann es sein, dass ihm völlig schleierhaft ist, was er nun tun soll. Bauen Sie dann die Übung genauso neu auf, wie Sie auch schon das Aufräumen aufgebaut haben, nur diesmal nicht mit Spielzeug und Kiste, sondern mit Flaschen und Kasten. Bei einem Hund, der das Aufräumen schon beherrscht, ist dies eine Sache von nur wenigen Übungseinheiten.

Zielstrebig nähert sich Jonny dem Kasten ...

... und sortiert die Flaschen ein.
(Fotos: A. Maurer)

Polonaise

Das ist nicht nur für Karnevalfans ein lustiger Trick: Der Hund steht aufrecht hinter Ihnen und stützt sich mit den Pfoten an Ihrem Rücken oder Ihrer Hüfte ab.

Für die Ausgangsposition muss Ihr Hund hinter Ihnen stehen und in die gleiche Richtung blicken wie Sie. Am leichtesten erreicht man dies, indem Sie sich vor Ihren Hund stellen mit einem Leckerchen in der Hand. Drehen Sie sich schnell um, sodass Sie mit dem Rücken zu ihm stehen, und halten gleichzeitig die Hand mit dem Leckerchen hinter Ihren Rücken.

Ihr Hund hat nun sogleich das Leckerchen im Blick. Animieren Sie ihn, sich das Leckerchen zu holen. Halten Sie es so hoch, dass er sich aufrichten muss, um heranzureichen. Sobald Sie eine Pfote an Ihrem Rücken spüren, geben Sie das Leckerchen frei und loben ihn. Wenn Sie einen großen Spiegel zur Verfügung haben, üben Sie davor, das erleichtert das Einsetzen des Kommandos, da Sie genau sehen können, wann der Hund zur Polonaise ansetzt.

Sobald Ihr Hund dies auf Kommando gut kann, erhöhen Sie den Schwierigkeitsgrad und bewegen sich langsam und vorsichtig nach vorn. Machen Sie zu Beginn nur einen kleinen

So hintereinander stehend ist die richtige Ausgangsposition. (Foto: A. Maurer)

Belohnen Sie den Hund, wenn er so schön aufgerichtet steht. (Foto: A. Maurer)

Schritt und schauen Sie, wie der Hund reagiert. Setzt er sofort alle Pfoten auf den Boden und geht keinen Schritt aufrecht mit, müssen Sie wieder die Hand mit dem Leckerchen hinter dem Rücken einsetzen. Lassen Sie den Hund das Leckerchen zwischen den Fingern herauslutschen und machen dabei einen vorsichtigen Schritt nach vorn. Geht der Hund diesen Schritt mit, geben Sie sofort das Leckerchen frei und loben Sie Ihren Hund.

Leider lässt sich dieser Trick mit sehr kleinen Hunden nicht bewerkstelligen, denn selbst wenn Sie auf Knien rutschen, sind Ihre Unterschenkel im Weg.

Humpeln

Auf Kommando humpelt der Hund und scheint verletzt. Das ist der wohl schwerste Trick in diesem Buch. Einen Hund zum Humpeln zu bringen ist sehr schwierig und braucht eine lange Zeit. Beginnen Sie damit, dem Hund das Stehen auf drei Beinen beizubringen. Entscheiden Sie sich für eine der beiden Vorderpfoten, die angehoben werden soll. Wechseln Sie diese zwischendurch nicht, denn das erschwert dem Hund das Lernen unnötig. Bietet Ihr Hund das Stehen auf drei Beinen von sich aus an, bestätigen Sie es und geben zum Beispiel das Kommando „Pfote" hinzu. Bietet er es nicht von allein an, versuchen Sie, ihn an der Pfote zu berühren, zu massieren und zu streicheln. Den meisten Hunden ist das nicht ganz angenehm und sie heben die Pfote an. Den Moment, in dem die Pfote in der Luft ist, müssen Sie belohnen. Achten Sie darauf, dass der Hund Ihnen nicht die Pfote gibt und Sie ihn dann bestätigen, sonst versteht er nicht, worum es geht. Nur die Pfote in der Luft bekommt eine Belohnung. Am besten arbeiten Sie hier mit dem Clicker, denn der Moment kann anfangs sehr kurz sein und Sie sollten ihn nicht verpassen.

Hat Ihr Hund gelernt, die Pfote zuverlässig auf Ihr Kommando zu heben, verlängern Sie allmählich den Zeitraum, in dem er die Pfote so hält. Von anfänglich kurzen Sequenzen sollten Sie die Zeit immer länger ausdehnen. Belohnen Sie ihn immer, wenn er die Pfote nicht von sich aus auf den Boden setzt, sondern in dieser Position verharrt. Steigern Sie die Zeit nur sekundenweise, um es ihm nicht unnötig zu erschweren.

Wenn Ihr Hund es schafft, die Pfote für etwa 15 Sekunden so zu halten, können Sie zum nächsten Schritt übergehen. Während er mit erhobener Pfote steht, lassen Sie ihn ein Leckerchen zwischen den Fingern herausknabbern. Gleichzeitig bewegen Sie das Leckerchen ganz vorsichtig zentimeterweise von seiner Schnauze weg, sodass er sich nach vorn bewegen muss, um weiter an das Leckerchen zu kommen. Ach-

ten Sie hierbei genau auf die Pfote in der Luft. Meist wird genau diese jetzt einen Schritt nach vorn gesetzt, um an das Leckerchen zu kommen. Erinnern Sie den Hund mit dem Kommando „Pfote", wenn Sie nur die kleinste Bewegung nach unten mit dieser Pfote erahnen. Diesen Punkt abzupassen ist sehr schwierig und gelingt manchmal gar nicht. Wird Ihr Hund aufgrund des Leckerchens hektisch, nehmen Sie ein weniger gut duftendes und probieren es damit.

Lehnt der Hund sich immer weiter vor, um an das Leckerchen zu kommen, wird er mit der Pfote in der Luft nach vorn humpeln. Gelingt das, feiern Sie ein Fest, loben und belohnen Sie ihn überschwänglich, denn er hat eine

Mit einem Söckchen an der Pfote heben viele Hunde das Bein. (Foto: A. Maurer)

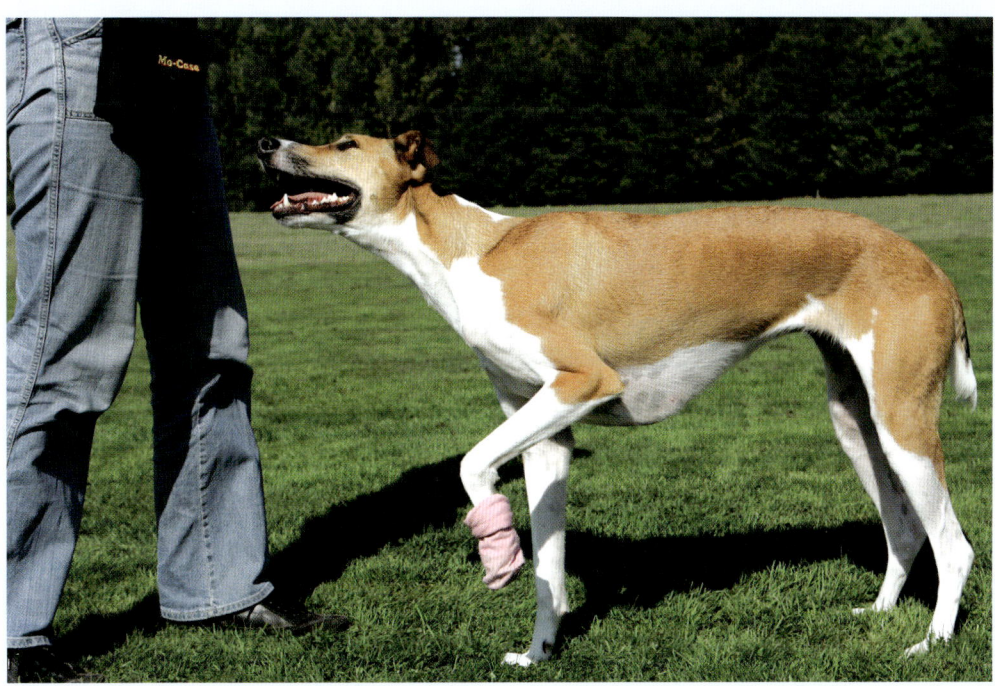

Die Leine als Hilfsmittel ist eine gute Möglichkeit; der Abbau erfordert aber viel Geduld. (Fotos: A. Maurer)

großartige Leistung vollbracht und Sie ebenso. Üben Sie weiter und geben ein neues Kommando wie zum Beispiel „Humpeln" hinzu, sobald es gut klappt. Haben Sie das Kommando etabliert, bauen Sie allmählich mehr Distanz zwischen sich und dem Hund auf, aber gehen Sie auch hier wieder ganz langsam vor.

Es kann gut sein, dass Sie üben und üben, aber der Trick einfach nicht gelingen will. Seien Sie nicht frustriert und üben Sie nicht zu verbissen. Denken Sie immer daran, dies soll Ihnen beiden Spaß machen.

Sie können aber einen anderen Weg versuchen. Nehmen Sie ein altes Baby-Söckchen oder nutzen Sie einen dieser Pfotenschutzschuhe, falls Sie einen besitzen, und ziehen Sie ihn dem Hund an. Viele Hunde mögen das Gefühl nicht und benutzen deshalb die Pfote mit dem Schuh oder Söckchen gar nicht. Das können Sie dann auch bestätigen und ein Kommando hinzufügen. Der Abbau kann manchmal schwierig und langwierig sein. Bei einem Söckchen kann man es Stückchen für Stückchen verkleinern, indem man etwas abschneidet.

Ein anderes mögliches Hilfsmittel ist eine Leine oder ein Seil. Beherrscht der Hund das Kommando „Pfote" und kann auch schon eine Weile auf drei Beinen stehen, nehmen Sie von einem ausreichend langen Seil beide Enden in eine Hand, sodass eine Schlaufe entsteht. Knüpfen Sie keinen Knoten oder die Schlaufe. Im Falle eines unvermittelten Sprungs zur Seite könnte Ihr Hund sich sonst ernsthaft verletzen. Halten Sie die Enden immer nur ganz locker fest, damit Sie im Notfall das Seil rasch loslassen können. Geben Sie Ihrem Hund das Kommando zum Anheben der Pfote. Streifen Sie nun die Schlaufe über die Pfote, sodass sie darin zu liegen kommt wie ein geschienter Arm in einem Dreieckstuch. Nehmen Sie nun ein Leckerchen und lassen Sie den Hund dieses wieder zwischen Ihren Fingern herausknibbeln. Bewegen Sie es zentimeterweise von seiner Nase weg, um ihn zu einer Vorwärtsbewegung zu animieren. Nun kann der Hund die Pfote mit der Schlaufe nicht mehr absetzen. Sie fangen die Bewegung mit der Schlaufe ab. Der Hund humpelt nach vorn. Bestätigen und loben Sie sofort. Humpelt der Hund dem Leckerchen hinterher, geben Sie das Kommando „Humpeln" dazu. Mit der Zeit werden Sie an der Schlaufe merken, dass der Hund immer weniger Gewicht auf die Schlaufe legt und selbstständiger humpelt. Der Abbau dieser Hilfe kann recht langwierig sein, aber lassen Sie sich davon nicht entmutigen.

Seilchen springen

Der Hund springt gemeinschaftlich mit Ihnen Seilchen. Das setzt natürlich voraus, dass Sie Seilchen springen können. Ist das schon eine ganze Weile her, üben Sie zunächst ohne Hund, bis Sie wieder gut springen können.

Dieser Trick ist am besten für kleine bis mittelgroße, springfreudige, gesunde Hunde geeignet. Zunächst lernt der Hund das In-die-Luft-Springen. Nehmen Sie dazu einen Ball oder ein begehrtes Spielzeug Ihres Hundes. Halten Sie es so hoch über ihn, dass er springen muss, um heranzureichen. Macht er keine Anstalten zu springen, spielen Sie zunächst ausgelassen mit

dem Spielzeug und dem Hund. Dann führen Sie die gleiche Übung noch mal aus dem dynamischen Spiel heraus durch. Springt er danach, loben Sie ihn und geben ihm zur Belohnung sofort das Spielzeug. Wiederholen Sie die Übung und geben Sie das Kommando „Jump" jedes Mal, wenn der Hund zum Sprung ansetzt. Denken Sie aber daran, Ihren Hund nicht zu überfordern. Üben Sie gerade so bewegungsintensive Tricks immer nur kurz, dafür ruhig mehrmals am Tag. Wenn Ihr Hund auf das neue Kommando „Jump" zuverlässig in die Höhe springt, beginnen Sie gleichzeitig, mit ihm in die Höhe zu springen. Bedenken Sie, dass nachher ein Seil um Sie beide herumschwingt, also arbeiten Sie dicht nebeneinander. Vergessen Sie nicht, den Hund für die gute Ausführung zu belohnen. Üben Sie auch hier das Springen nicht zu häufig hintereinander, sondern bauen es lieber zwischendurch in den Tagesablauf mit ein. Man kann wunderbar in der Küche, an der Bushaltestelle, im Park zwei- oder dreimal mit dem Hund gemeinsam springen.

Fangen Sie an, Ihren Hund mit dem Seil vertraut zu machen. Er sollte sich locker und gelöst bewegen, auch wenn sich das Seil schnell bewegt. Beginnen Sie damit, das Seil in langsamen weiten Bögen um den Hund herumzubewegen. Ist er entspannt dabei, belohnen Sie ihn zwischendurch und schwingen das Seil in enger und schneller werdenden Bögen. Ihr Hund sollte zu keinem Zeitpunkt Angst oder Unsicherheit zeigen. Ist das der Fall, müssen Sie ganz langsam vorgehen und sich vorsichtig herantasten. Wenn ihm das Seil ab einer Distanz von zwei Metern keine Furcht einjagt, beginnen Sie, in zweieinhalb Meter Distanz vor

Bei einem so großen Hund erfordert das Seilspringen eine außergewöhnliche Körperkoordination.
(Fotos: T. Stens)

ihm. Desensibilisieren Sie ihn in ganz kleinen Schritten und nähern Sie sich von Mal zu Mal nur wenige Zentimeter. Füttern Sie ihn, wenn das Seil danebenliegt. Zeigt Ihr Hund Anzeichen von Stress, springen Sie ohne Seil mit Ihrem Hund oder wählen eine Variation von Gummitwist. Manche Hunde haben sehr schlechte Erfahrungen gemacht. Menschen, die Gegenstände oder Seile schwingen, können sehr bedrohlich wirken. Kein Trick ist es wert, das Vertrauen Ihres Hundes aufs Spiel zu setzen.

Ist Ihr Hund im Umgang mit dem Seil völlig entspannt, beginnen Sie mit einem ersten Sprungversuch mit Seil. Wenn Sie zwei Helfer zur Verfügung haben, die das Seil für Sie schwingen, erleichtert es Ihnen den Anfang, weil Sie sich zunächst nur darauf konzentrieren müssen, mit Ihrem Hund in die Höhe zu springen. Haben Sie keine Helfer, ist das auch nicht so dramatisch. Konzentrieren Sie sich einfach auf den ersten Sprung und versuchen Sie nicht gleich mehrere durchzuführen. Erst wenn Sie beide beim gleichzeitigen Springen und Seilschwingen keine Probleme haben, versuchen Sie von Mal zu Mal einen Sprung mehr.

Übertreiben Sie aber auch hier nicht, denn für Ihren Hund ist das sehr anstrengend.

Leine anziehen

Der Hund holt die am Boden liegende Leine, bringt Sie Ihnen und schlüpft dann mit dem Kopf durch die Halsung. Hierfür brauchen Sie eine Retriever- oder Agility-Leine, da Sie hier die Halsung einfach über den Kopf streifen können. Ein Verschließen wie bei einem normalen Halsband ist nicht nötig.

Halten Sie die Halsung weit offen, wie ein Lasso, vor den Kopf des Hundes und animieren ihn mit Leckerchen dazu, den Kopf hindurchzustecken. Sobald er die Nase durch die Schlinge steckt, bestätigen Sie ihn. Locken Sie ihn von Mal zu Mal etwas weiter durch.

Sobald sich die Nase durch die Halsung schiebt, sagen Sie Ihr Kommando, zum Beispiel „Kopf". Das ist recht leicht zu erlernen und die Hunde mögen diesen Trick, weil die Leine für die meisten Hunde ohnehin schon ein Versprechen für Spaß und Spazierengehen ist.

Wenn Ihr Hund verstanden hat, worum es geht, legen Sie die Leine vor sich auf den Boden und ermuntern Sie ihn, die Leine zu nehmen. Verwenden Sie das Kommando „Nimm", wenn Ihr Hund das beherrscht. Später können Sie sich dann die Leine bringen lassen und brauchen nur noch die Halsung aufhalten, damit der Hund hineinschlüpfen kann.

Um an das Leckerchen zu gelangen, steckt Lion den Kopf durch die Halsung. (Foto: A. Maurer)

Der erste Kontakt kann auch mit der Pfote erfolgen.

Jonny hat es schon verstanden und stupst den Deckel leicht nach oben.

Kiste öffnen

Der Hund öffnet selbstständig eine Kiste. Für diesen Trick benötigen Sie eine zur Größe des Hundes passende Kiste. Sie sollte standfest sein und einen leichten Deckel haben. Schwedische Möbelhäuser bieten günstige Kisten in vielen verschiedenen Varianten an. Wichtig ist, dass die Kiste nicht gleich bei den ersten Übungsversuchen verrutscht und so ein Öffnen unnötig erschwert wird. Legen Sie einen großen Stein oder zwei Tüten mit Vogelsand in die Kiste. Um es dem Hund etwas zu erleichtern, können Sie mit Gurtband eine Schlaufe am Deckel befestigen. Achten Sie auf jeden Fall darauf, dass insbesondere der Deckel keine scharfen Kanten aufweist. Wenn Sie eine Holzkiste benutzen, muss diese glatt geschliffen sein, damit sich der Hund keinen Splitter zuziehen kann.

Führen Sie den Hund langsam an die Kiste heran und lassen ihn die Kiste beschnuppern. Bestätigen Sie mit Clicker oder Leckerchen,

Mit einem festen Stups öffnet sich der Deckel ganz. (Fotos: A. Maurer)

zeug in die Kiste räumen. Das allein regt schon viele Hunde an, sich einen Weg in die Kiste zu suchen.

Wenn Sie einen sehr kleinen Hund besitzen oder keine Box mit faltbarem Deckel finden, können Sie alternativ aus einem alten Schuhkarton eine passende Kiste basteln. Schneiden Sie in die Mitte des Deckels einen Schlitz und ziehen Sie ein Stück Gurtband hindurch, verknoten das Band und der Deckel mit Schlaufe zum Fassen ist fertig. Bestätigen Sie dann den Hund, wenn er das Gurtband berührt. Kennt der Hund das Kommando „Nimm", setzen Sie es ein, um ihn dazu zu bringen, das Gurtband zu fassen und den Deckel dadurch anzuheben. Achten Sie auch bei dieser Kistenvariante darauf, dass die Kiste durch ein Gewicht beschwert ist.

Kiste schließen

Nachdem Ihr Hund nun das Öffnen der Kiste erlernt hat, ist der nächste Schritt natürlich das Schließen. Je nach Kiste ist dies unterschiedlich schwer. Wenn Sie eine Kiste mit klappbarem Deckel gewählt haben, ist dies viel leichter, da der Deckel automatisch in die richtige Position „rutscht". Ermuntern Sie den Hund, mit der Schnauze gegen den unteren Teil des umgeklappten Deckels zu stupsen. Bestätigen Sie jeden kleinen Ansatz, bis sich der Deckel merklich hebt. Mit etwas Schwung wird der Deckel dann zurück in die Ausgangsposition gebracht. Schafft der Hund das zum ersten Mal, ist ein Jackpot fällig.

wenn er mit der Schnauze den Deckel berührt. Ermuntern Sie ihn, das Gurtband zu fassen oder mit der Nase den Deckel anzustupsen.

Bestätigen Sie sofort, wenn sich der Deckel auch nur für wenige Millimeter hebt. Sobald der Hund verstanden hat, dass es um das Bewegen des Deckels geht, erhöhen Sie den Schwierigkeitsgrad und bestätigen nur, wenn sich der Deckel merklich hebt. Dies steigern Sie, bis die Kiste tatsächlich geöffnet ist. Um den Hund stärker zu motivieren, können Sie ihn auch zuschauen lassen, wie Sie sein Lieblingsspiel-

Das Schließen fällt bei Klappdeckeln ganz leicht. (Foto: A. Maurer)

Wenn Sie die Schuhkartonvariante gewählt haben, sollten Sie für den Anfang noch einen zweiten Deckel aus einem größeren Schuhkarton basteln, den man locker auf die Kiste legen kann. Einen Karton richtig zu verschließen ist schon für Kleinkinder nicht leicht, für den Hund aber ungleich schwieriger.

Licht anschalten

Mit der Schnauze oder mit der Pfote betätigt der Hund den Lichtschalter und schaltet so das Licht an. Je nach Größe des Hundes und Höhe des Lichtschalters braucht man eventuell eine kleine Trittleiter. Wenn Sie Sorge um Ihre Tapete haben, kaufen Sie im Baumarkt oder Haushaltswarenladen ein kleines Tischset und schneiden eine Öffnung hinein, die etwas kleiner als der Schalter ist. Montieren Sie den Schalter ab, legen das Tischset auf die Tapete und bringen Sie den Schalter wieder an. Fertig ist der Tapetenschutz.

Mit dem Kommando „Stups" deuten Sie auf den Lichtschalter und ermuntern den Hund, diesen zu berühren. Wenn Sie das Kommando mit dem Klebepunkt erarbeitet und ihn noch nicht sicher abgebaut haben, kleben Sie den Punkt auf den Schalter. Positionieren Sie ihn so, dass er nicht mittig sitzt, sondern wirklich an der Stelle, auf die man auch drücken muss, um das Licht anzuschalten. Bestätigen Sie zunächst jede Berührung. Sobald der Hund diese sicher mit dem Schalter verknüpft hat, warten Sie ab, bis der Hund fest genug drückt, um das Licht wirklich einzuschalten. Belohnen Sie diese Aktion großzügig, am besten mit dem Jackpot, und lassen Sie ihn dann weiter probieren. Hat er es sicher verstanden, geben Sie das Kommando „Licht" dazu.

Wenn Ihr Hund stark sabbert, würde ich mich für die Variante entscheiden, bei der er mit der Pfote das Licht anschaltet. Dies funktioniert auf die gleiche Art und Weise. Nutzen Sie dazu das Kommando „Touch".

Die Kunst ist es, den richtigen Druckpunkt zu treffen.

Gerade bei langen Krallen kann ein Schutz rund um den Schalter angebracht sein. (Fotos: T. Stens)

Beachten Sie, dass darunter eventuell nicht nur Ihre Tapete, sondern auch der Schalter leidet, wenn der Hund anfangs stark kratzen sollte.

Wenn Sie nicht möchten, dass Ihr Hund an der Wand hochspringt, nutzen Sie eine kleine Trittleiter oder einen Schemel und bringen dem Hund zuvor bei, dort hinaufzuspringen. Sollte Ihr Hund auch mit Schemel nicht an den Lichtschalter heranreichen, müssen Sie trotzdem nicht auf den Trick verzichten. Besorgen Sie sich aus einem Haushaltswarenladen (oft gibt es Billigmärkte, die mit Restposten handeln) eine „Push-Lampe". Das sind batteriebetriebene Lampen, die man durch Drücken einschalten kann. Diese können Sie auf den Boden legen oder in beliebiger Höhe passend an der Wand anbringen. Herkömmliche Tischlampen sollten Sie aus Sicherheitsgründen nicht benutzen. Die sehr kleinen Schalter sind oft nicht richtig isoliert; der Sabber kann hineingelangen und könnte im schlimmsten Falle einen Stromschlag verursachen.

Geld stehlen

Im fertigen Trick soll sich der Hund einem Rucksack nähern, den Reißverschluss der Fronttasche öffnen, ein Portemonnaie entnehmen, dieses öffnen und die Geldscheine herausziehen.

Dies ist sicherlich einer der anspruchsvollsten Tricks. Eine komplexe Handlungskette ist hierfür erforderlich, darum teilt man den Trick in seine einzelnen Bestandteile auf. Zuerst brauchen Sie alle Hilfsmittel für diesen Trick: eine alte Geldbörse, die leicht zu öffnen ist; einen Geldschein, am Anfang besser ein in passender Größe zurechtgeschnittenes Stück Papier; einen Rucksack oder eine Tasche mit Fronttasche, in die die Geldbörse auch hineinpasst; einen schweren Stein sowie Zeitungspapier. Den Stein benötigen Sie, um den Rucksack zu beschweren und zu verhindern, dass der Hund beim Reißverschlussöffnen den ganzen Rucksack mitzieht. Mit zerknülltem Zei-

tungspapier wird der Rucksack ausgestopft, damit er ausreichenden Halt bietet. Schauen Sie sich den Reißverschluss an: Gibt es nur den Metallzipper oder ist ein kleines Bändchen daran befestigt? Die reinen Metallzipper mögen die Hunde nicht gern fassen. Erleichtern Sie Ihrem Hund die Arbeit und knoten ein kleines Band daran, das er leichter fassen kann.

Wenn man sich den Aufbau des Tricks betrachtet, ist die letzte Handlung das Herausziehen des Geldscheins aus der Börse. Damit beginnen Sie. Halten Sie dem Hund die geöffnete Geldbörse hin, der Schein schaut einen großen Zipfel weit heraus.

Lassen Sie zu Anfang ein großes Stück des Scheins herausschauen.

Mit dem Kommando „Nimm" ermuntern Sie den Hund, den Schein zu fassen und herauszuziehen. Jedes Fassen und Ziehen wird bestätigt. Klappt dies mit der in der Hand gehaltenen Börse bereits recht gut, legen Sie sie auf den Boden, wobei der Schein wieder weit herausschaut. Hat der Hund das Prinzip bereits begriffen, wird er auch hier schnell den Schein hervorziehen. Achten Sie darauf, dass der Hund sich nicht gleichzeitig auf die Geldbörse stellt, denn Geldscheine sind nicht sonderlich stabil und reißen in Kombination mit Hundesabber recht schnell. Beginnen Sie damit, den Schein stückchenweise immer weiter in der Börse zu lassen und so den Schwierigkeitsgrad zu erhö-

hen. Auch zum Schluss darf immer noch eine Ecke zu sehen sein, um dem Hund die Arbeit zu erleichtern. Nach einigem Üben kann der Hund den Schein herausziehen.

Nun schließen Sie die Börse. Ist es eine einfache zum Auseinanderklappen, können Sie Ihren Hund die Lösung erarbeiten lassen. Da er schon weiß, dass es eine Belohnung gibt, sobald er den Schein herauszieht, wird er die Börse recht schnell mit der Nase auseinanderfalten. Ist es ein Portemonnaie mit Druckknopf, schließen Sie diesen anfangs noch nicht oder klemmen Sie ein kleines Stück Papier in den Druckmechanismus, damit die Börse leichter zu öffnen ist.

Benda setzt die Zähne ein, um das Portemonnaie zu öffnen. (Fotos: A. Maurer)

Das Herausziehen lernen die meisten Hunde ganz schnell.

Das Öffnen des Reißverschlusses ist die letzte Lerneinheit und der Beginn des Tricks. (Fotos: A. Maurer)

Als kleine Hilfe kann man auch ein Leckerchen in den Falz der Geldbörse legen, um den Anreiz zu erhöhen, die Börse zu öffnen.

Lassen Sie den Hund den Trick immer bis zu Ende durchführen. Sie üben also nicht nur das Öffnen, sondern lassen den Hund jedes Mal nach dem Öffnen auch den Schein aus der Börse ziehen. So festigen Sie die Handlungskette. Der Hund weiß genau, was als Nächstes kommt, und lernt so, die einzelnen Handlungen miteinander zu verbinden.

Wenn beide Einzelhandlungen sicher miteinander verbunden sind, kann man zum nächsten Punkt übergehen: dem Herausnehmen des Geldbeutels aus dem Rucksack. Hierfür lassen Sie die Tasche, in der der Geldbeutel steckt, weit offen. Stecken Sie den Geldbeutel hinein, allerdings so, dass gut zwei Drittel der Börse oben herausschauen und sie für den Hund gut zu greifen ist. Mit dem Kommando „Nimm" ermuntern Sie den Hund, die Börse herauszunehmen. Tut er sich anfangs sehr schwer, bestätigen Sie auch die Zwischenschritte und geben ihm für das Herausziehen ein Leckerchen. Hat er keine großen Probleme, lassen Sie ihn den kompletten Ablauf bis zum Ende durchgehen und bestätigen Sie ihn mit einem Jackpot. Stecken Sie dann die Geldbörse so tief hinein, wie sie sein müsste, um den Reißverschluss zu öffnen. Schafft der Hund es ohne Probleme das Portemonnaie herauszunehmen, ist das schon eine beachtliche Leistung und Sie können den nächsten Schritt wagen.

Schließen Sie den Reißverschluss der Tasche, in dem sich die Geldbörse befindet. Ermuntern Sie Ihren Hund mit einem „Nimm" und „Zieh", den Zipper ins Maul zu nehmen und daran zu ziehen. Achten Sie darauf, dass der Rucksack gut genug beschwert ist und nicht durch das Ziehen am Zipper durch den Raum gezogen wird. Belohnen Sie anfangs schon, wenn sich der Reißverschluss nur ein ganz kleines Stück bewegt. Schafft es der Hund, ihn ganz aufzuziehen, belohnen Sie ihn mit einem Jackpot. Reihen Sie dann die komplette Handlungskette aneinander und Sie haben einen fantastischen Trick, der auch erfahrene Hundeleute noch staunen lässt.

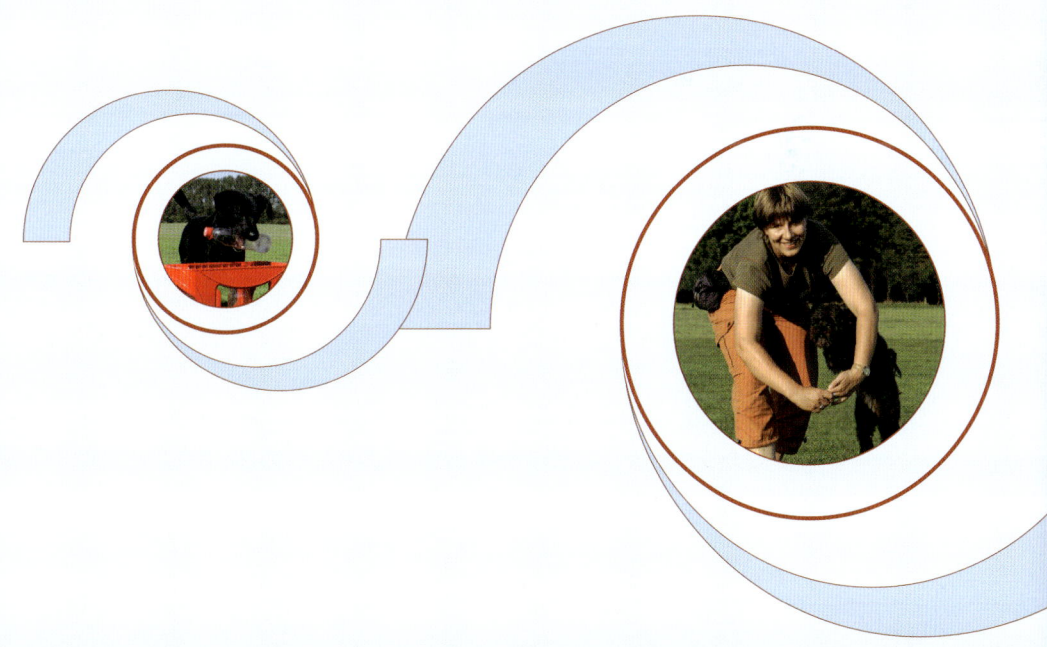

Zum Schluss

Meiner kann das nicht!

Unterschätzen Sie bitte Ihren Hund nicht. Fangen Sie mit kleinen Dingen an, bei denen Ihr Hund eine realistische Chance auf eine Belohnung und ein Erfolgserlebnis hat. Seien Sie begeistert darüber, denn das überträgt sich auf Ihren Hund. Wählen Sie Ihre Ziele in kleinen Schritten und versuchen Sie nicht zu viel auf einmal.

Vielleicht benötigt Ihr Hund auch einfach nur einen anderen Weg. Die hier angegebenen Methoden sind selbstverständlich nicht die einzig verbindlichen. Genau wie bei der „normalen" Hundeerziehung gibt es viele Wege, die zum Erfolg führen. Nicht jede Methode oder jeder Weg ist für jeden Hund geeignet. Wenn Sie also Ihrem Hund einen Trick auf einem anderen Weg beigebracht haben oder einen anderen Ansatz haben, den Ihr Hund versteht, ist das wunderbar. Finden Sie den richtigen Weg für sich und Ihren Hund.

Der letzte Schliff

Hunde generalisieren sehr schlecht. Wenn Sie also immer zu den gleichen Bedingungen, zur gleichen Tageszeit und am gleichen Ort üben, fällt es dem Hund schwer, die gleiche Leistung wie ein schon erlerntes Kunststück in einer anderen Umgebung zu zeigen. Üben Sie zuerst an vielen verschiedenen Orten ohne Ablenkung. Dann bauen Sie an einer belebten Straße mal ein „Schäm dich" oder eine Spielaufforderung ein oder versuchen das Ganze einmal, während die Familie beim Essen sitzt. Hat Ihr Hund damit keinerlei Probleme, können Sie einen Schritt weitergehen.

Was mache ich nun mit den ganzen Tricks?

Wenn Ihr Hund nun einige Tricks beherrscht, möchten Sie sie sicherlich auch gern mal zeigen. Suchen Sie sich für die erste „Vorführung" ein dankbares Publikum. Kinder sind schnell zu begeistern und auch sehr tolerant, wenn es mal nicht gleich auf Anhieb klappt.

Wenn Sie das Trickfieber gepackt hat und Ihr Hund und Sie gleichermaßen auf den Geschmack gekommen sind, auch den ein oder anderen Trick in der Öffentlichkeit zum Besten zu geben, bieten Sie doch Ihrem örtlichen Tierheim an, das Programm für deren Sommerfest zu bereichern. Auch gibt es immer wieder Castings, auf denen man sich mit anderen Hundehaltern und deren Hunden messen kann. Das kann eine lustige Abwechslung sein und richtig Spaß machen. Außerdem wird man immer wieder auf neue Ideen gebracht und kann von den anderen lernen.

Bitte achten Sie aber immer gut auf Ihren Hund. Ist er überfordert in solchen Situationen, entscheiden Sie immer zum Wohl Ihres Hundes. Tricks sind eine lustige Sache, darum sollten alle Beteiligten auch Spaß daran haben. Wenn Ihr Hund die Tricks also beherrscht, sich aber vor Publikum unwohl fühlt, seien Sie kreativ: Schreiben Sie alle Tricks auf, die Ihr Hund kann, und überlegen Sie, wie Sie diese in eine kleine Geschichte verpacken können. Gestalten Sie ein Drehbuch und filmen Sie das Ganze mit Ihrer Videokamera. Der Fantasie sind keine Grenzen gesetzt.

Zu viel Unsinn?

Der eine oder andere mag sich die Frage stellen, warum man einem Hund „so etwas" beibringen sollte. Nun, kein Hund – bis auf ganz wenige Hollywood-Ausnahmen – muss auf einem Ball laufen, Geld stehlen oder Diebe festhalten können. Hier ist tatsächlich der Weg das Ziel: Völlig egal, wie unsinnig der Trick in manchen Augen scheinen mag, hier beschäftigt sich ein Mensch mit seinem

Mit dem Kommando „Nimm" kann der Hund auch lernen, einen Schnuller zu halten. (Foto: A. Maurer)

Partner, seinem besten Freund. Der Mensch macht sich Gedanken über den Trick, lernt, die Aufgabe in kleine Stücke zu zerlegen, überlegt, wie man eine Handlungskette am besten aufbaut. Und da das Ganze ja „nicht wichtig" ist, geht der Mensch ganz gelöst und entspannt, meist sogar mit sehr viel Spaß an die Sache heran.

Dem Hund ist die gestellte Aufgabe prinzipiell egal, Hauptsache Belohnung, Umfeld und Stimmung sind gut. Darum lernen Hunde so gern Tricks. Denn oft sind die Halter wesentlich gelöster, wenn es um scheinbar unwichtige Dinge geht. Das Verhältnis der beiden kann von diesem entspannten Lernen deutlich positiv beeinflusst werden. Die lockere Grundstimmung und das Erfolgserlebnis, wirklich zusammenzuarbeiten, übertragen sich oft auch auf das Lernen von anderen Dingen, zum Beispiel Bereiche aus dem Obedience. Nutzen Sie diese positive Entwicklung.

Und machen Sie sich keine Sorgen: Obwohl meine Hunde Licht einschalten können, bin ich noch nie nachts wach geworden, weil alle Lampen im Haus brannten. Auch räumen meine Hunde im Park nicht unaufgefordert den herumliegenden Müll in die Eimer. Sie wissen sehr wohl, die Wahrscheinlichkeit auf eine Belohnung zu berechnen, und handeln danach. Darum sollten Sie, wenn Sie einmal ein Verhalten unter Signalkontrolle haben, dieses nicht mehr belohnen, wenn der Hund es unaufgefordert zeigt. Sonst könnten Sie unter Umständen tatsächlich in die Verlegenheit kommen, Ihrem Nachbarn erklären zu müssen, warum Ihr Hund an seinem Hosenbein hängt.

Danke

Allen voran danke ich meinen Hunden, von denen ich so viel lernen durfte, die immer da sind und mein Leben bereichern. Ohne Benda, die mein Leben so nachhaltig verändert hat, hätte es dieses Buch nicht gegeben.

Ich danke meinen Eltern, die bei allen Dingen die ich in meinem Leben in Angriff genommen habe immer hinter mir standen. Meiner Tochter Jana, die die Idee ein Buch zu schreiben unglaublich spannend fand. Meiner Freundin Bianca Gricer, die sich so sehr für mich gefreut hat und die erste war, die Teile des Buches zu lesen bekam. Meiner Lieblings-Andrea Gerhards, die nichts mit Hunden am Hut hat, das Buch aber trotzdem lesen wird, oder Andrea? Nicola Karpinski, die mit ihren jungen Jahren schon soviel Hundeverstand hat und von der man sicherlich noch viel hören wird!

Ich danke Jessica Kornrumpf und Björn Tigges, die Scully entdeckt und mich davon überzeugt haben, dass ich vielleicht doch einen Border-Mix möchte.

Dank den Fotomodellen:

Danke an Björn und Jessy für Ihren Beistand mit gleich drei Hunden: Ronja mit den Rastalocken, Emma, der Border Collie mit dem besonderen Charme und Dando, der Aussie mit dem bezaubernden Blick, der tragischerweise durch einen Unfall kurz nach Erscheinen des Buches starb. Danke Dando, für viele tolle Bilder in diesem Buch, wir behalten Dich in liebevoller Erinnerung! Danke Jonny, dem Hund von Nicola, der durch sein unglaubliches

Können zu so vielen Bildern hier beigetragen hat; Melanie Picciallo und Luke, dem Powerhund schlechthin; Meike Berghaus mit Prinzessin Gini; Mandy Kositza mit Laika, dem Hund mit den schönsten Ohren der Welt; Heike Wolf mit Mona und Chalada, die einem wirklich Lust auf diese tolle Pudelrasse machen; Sabine Maurer mit Matjes für ihre spontane Bereitschaft uns zu unterstützen; Hildegard Stens für das leckere Foto-Shooting mit Laborbeagle Snoopy, sowie Oliver Maurer mit Pongo und Conny Sawicki mit Quig, Jackie und Lion.

Einen besonderen Dank an unseren Fotografen Andreas Maurer, der mit gutem Auge und schönen Ideen uns alle ins rechte Licht gerückt hat. Und der wahrscheinlich wichtigsten „Person": Boomer, der Streuner. Die Kinder-Serie aus den 1980er-Jahren hat mich sehr geprägt und fast in jeder Folge zu Tränen gerührt. So einen tollen Freund, der so viel kann, wollte ich auch immer haben. Hab ich ein Glück: Ich hab zwei davon!

Hab ich noch jemanden vergessen? Natürlich! Last but not least: Ich möchte mich ganz herzlich bei den Lesern dieses Buches bedanken. Schön, dass Sie sich Gedanken machen, wie Sie sich sinnvoll mit Ihrem Hund beschäftigen können. Ich wünsche Ihnen viel Vergnügen beim Umsetzen und Erarbeiten von neuen Ideen. Denn wenn ich eine Erfahrung gemacht habe, ist es, dass Tricks süchtig machen und man ständig auf der Suche nach neuen Ideen ist. In diesem Sinne hoffe ich dass ich Sie inspirieren konnte und wünsche Ihnen viel Spaß mit Ihrem vierbeinigen Freund.

Für noch mehr Informationen und um viele Tricks in kleinen Videoclips zu sehen besuchen Sie mich im Internet unter: www.hunde-spiele.de

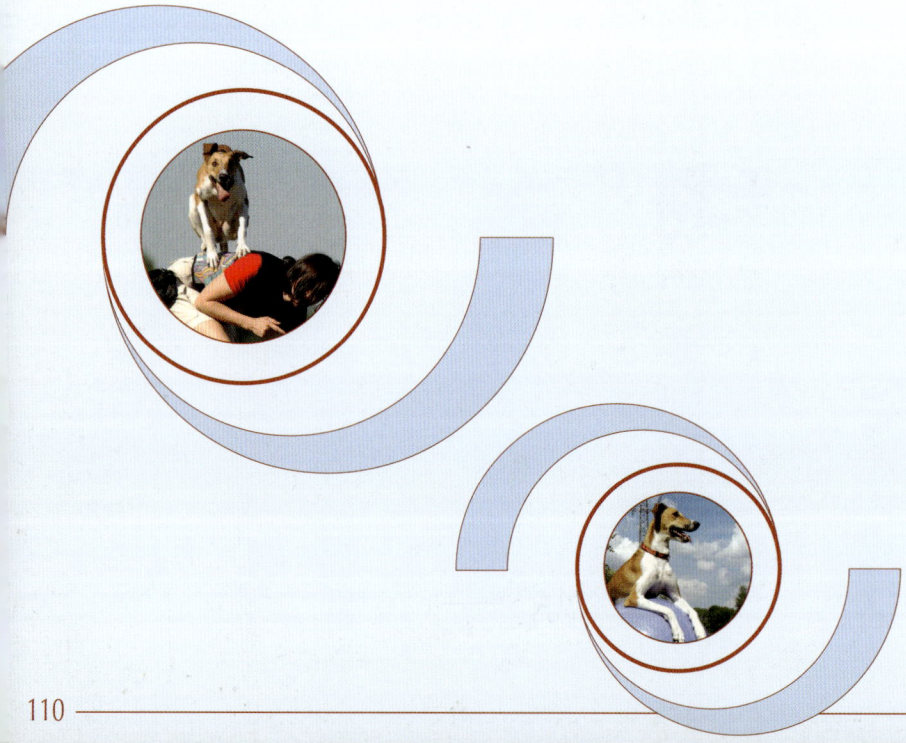

CADMOS
HUNDEBÜCHER

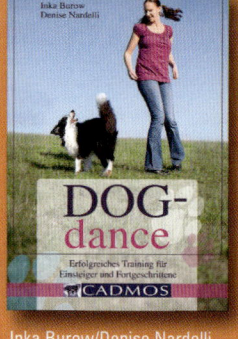